江苏省"十四五"时期重点出版物出版专项规划项目

南水北调后续工程高质量发展·大型泵站标准化管理 系列丛书

养护工作清单
机组大修作业指导书

YANGHU GONGZUO QINGDAN
JIZU DAXIU ZUOYE ZHIDAOSHU

南水北调东线江苏水源有限责任公司 ◎编著

河海大学出版社
HOHAI UNIVERSITY PRESS
·南京·

图书在版编目(CIP)数据

养护工作清单、机组大修作业指导书 / 南水北调东
线江苏水源有限责任公司编著. -- 南京：河海大学出版
社，2022.2(2024.1重印)
（南水北调后续工程高质量发展·大型泵站标准化管
理系列丛书）
ISBN 978-7-5630-7378-8

Ⅰ．①养… Ⅱ．①南… Ⅲ．①南水北调－泵站－维修
－标准化管理 Ⅳ．①TV675-65

中国版本图书馆 CIP 数据核字(2021)第 270832 号

书　　名	养护工作清单、机组大修作业指导书	
书　　号	ISBN 978-7-5630-7378-8	
责任编辑	彭志诚　章玉霞	
特约校对	薛艳萍　李国群	
装帧设计	徐娟娟	
出版发行	河海大学出版社	
地　　址	南京市西康路 1 号(邮编：210098)	
网　　址	http://www.hhup.cm	
电　　话	(025)83737852(总编室)	
	(025)83722833(营销部)	
经　　销	江苏省新华发行集团有限公司	
排　　版	南京布克文化发展有限公司	
印　　刷	广东虎彩云印刷有限公司	
开　　本	787 毫米×1092 毫米　1/16	
印　　张	7.25	
字　　数	176 千字	
版　　次	2022 年 2 月第 1 版	
印　　次	2024 年 1 月第 2 次印刷	
定　　价	45.00 元	

丛书编委会

养护工作清单、机组大修作业指导书

本册主编　刘　军　王亦斌

副 主 编　乔凤权　王从友　孙　毅　祁　洁

编写人员　陈北帅　杜鹏程　周晨露　董东方　管渭松

　　　　　　刘　芳　顾宏凡　王晓辉　张卫东　王晓森

　　　　　　李忠莉　刘锦雯

序

我国人多水少,水资源时空分布不均,水资源短缺的形势十分严峻。20世纪 50 年代,毛泽东主席提出了"南水北调"的宏伟构想,经过了几十年的勘测、规划和研究,最终确定在长江下、中、上游建设南水北调东、中、西三条调水线路,连接长江、淮河、黄河、海河,构成我国水资源"四横三纵、南北调配、东西互济"的总体格局。2013 年 11 月 15 日南水北调东线一期工程正式通水,2014 年 12 月 12 日南水北调中线一期工程正式通水,东中线一期工程建设目标全面实现。50 年规划研究,10 年建设,几代人的梦想终成现实。如今,东中线一期工程全面通水 7 年,直接受益人口超 1.4 亿。

近年来,我国经济社会高速发展,京津冀协同发展、雄安新区规划建设、长江经济带发展等多个区域重大战略相继实施,对加强和优化水资源供给提出了新的要求。习近平总书记分别于 2020 年 11 月和 2021 年 5 月两次调研南水北调工程,半年内从东线源头到中线渠首,亲自推动后续工程高质量发展。"南水北调东线工程要成为优化水资源配置、保障群众饮水安全、复苏河湖生态环境、畅通南北经济循环的生命线。""南水北调工程事关战略全局、事关长远发展、事关人民福祉。"这是总书记对南水北调工程的高度肯定和殷切期望。充分发挥工程效益,是全体南水北调从业者义不容辞的使命。

作为南水北调东线江苏段工程项目法人,江苏水源公司自 2005 年成立以来,工程建设期统筹进度与管理,突出管理和技术创新,截至目前已有 8 个工程先后荣获"中国水利优质工程大禹奖",南水北调江苏境内工程荣获"国家水土保持生态文明工程",时任水利部主要领导给予"进度最快、质量最好、投资最省"的高度评价;工程建成通水以来,连续 8 年圆满完成各项调水任务,水量、水质持续稳定达标，并在省防指的统一调度下多次投入省内排涝、抗旱等运行，为受涝旱影响地区的生产恢复、经济可持续发展及民生福祉保障提供了可靠基础，受到地方政府和人民群众的高度肯定。

多年的南水北调工程建设与运行管理实践中，江苏水源公司积累了大量宝贵的经验，形成了具有自身特色的大型泵站工程运行管理模式与方法。为进一步提升南水北调东线江苏段工程管理水平，构建更加科学、规范、先进、高效的现代化工程管理体系，江苏水源公司从 2017 年起，在全面总结、精炼现有管理经验的基础上，历经 4 年精心打磨，逐步构建了江苏南水北调工程"十大标准化体系"，并最终形成这套丛书。十大标准化体系的创建与实施，显著提升了江苏南水北调工程管理水平，得到了业内广泛认可，已在诸多国内重点水利工程中推广并发挥作用。

加强管理是工程效益充分发挥的基础。江苏水源公司的该套丛书作为"水源标准、水源模式、水源品牌"的代表之作，是南水北调东线江苏段工程标准化管理的指导纲领，也是不断锤炼江苏南水北调工程管理队伍的实践指南。管理的提升始终在路上，真诚地希望该丛书出版后能得到业内专业人士的指点完善，不断提升管理水平，共同成就南水北调功在当代、利在千秋的世纪伟业。

中国工程院院士：唐洪武

2022年元月

目录

养护工作清单

1 范围

本书中内容规定了南水北调东线江苏水源有限责任公司辖管泵站工程日常维护管理清单。

本标准适用于南水北调东线江苏水源有限责任公司辖管泵站工程,类似工程可参照执行。

2 规范性引用文件

下列文件中的内容通过文中的规范性引用而构成本文件必不可少的条款。其中,注日期的引用文件,仅该日期对应的版本适用于本文件;不注日期的引用文件,其最新版本(包括所有的修改单)适用于本文件。

GB 26860 电力安全工作规程 发电厂和变电站电气部分

GB 2894 安全标志及其使用导则

SL 255 泵站技术管理规程

DB 32/T 1360 泵站运行规程

DB 32/T 1595 水闸运行规程

国务院令第 647 号 南水北调工程供用水管理条例

NSBD 16—2012 南水北调泵站工程管理规程(试行)

3 术语和定义

本部分没有需要界定的术语和定义。

4 总则

(1) 为明确泵站各岗位人员职责,规范设备维护、安全管理等具体工作内容,确保工程运行安全,充分发挥工程效益,制定本工作清单。

(2) 泵站管理单位应完善管理机构,运行管理人员岗位职责应明示,相关岗位人员应按规定经过培训和考核,持证上岗。

5　日常维护清单

5.1　主电机日常维护清单

序号	维护周期	维护内容	维护标准	维护工具或方法	注意事项
1	每月	清扫电机表面	整洁无污渍、锈蚀、渗油等	中型清洁剂、棉纱布,目测	不要破坏设备表面
2		检查电刷装置及滑环零件的灰尘沉淀程度	无灰尘沉淀	机电设备清洗剂及棉纱布,目测	发现沉淀较多,影响运行时应及时清理
3	每季	绝缘电阻检测	定子绝缘电阻大于10 MΩ(电压等级10 kV),转子大于0.5 MΩ	测试定子绝缘用2 500 V摇表,转子绝缘用500 V摇表	如电动机绝缘电阻发生显著下降,应及时处理
4		检查冷却器是否可以正常工作	冷却器未堵塞,流量正常	启动技术供水系统,观察流量计	注意工作压力
5		若机组未运行,开机试运行一次	运行时间不少于30 min	带电试运行	注意上下游水位变化
6	每年	电气预防性试验	参照《电力设备预防性试验规程》(DL/T 596—2005)	电力设备试验专用仪器	注意试验安全
7		油化试验	参照《电厂运行中矿物涡轮机油质量》(GB/T 7596—2017)	油化试验专用仪器	注意试验安全
8		检查转子线圈是否有松动,接头、阻尼条与阻尼环是否有脱焊和断裂	无松动、连接紧固	重新补焊	注意电机绝缘不被破坏
9		检查定转子间隙	满足安装规范要求	竹塞尺	注意保护绝缘
10		检查电源电缆接头与接线柱是否良好,接头和引线是否有烧伤现象	接触良好,无发热、过热现象	专用扳手工具、目测	防止松动,保持接线盒内整洁
11		检查电刷和集电环接触情况、检查碳刷的磨损量	电刷在刷圈内移动灵活,集电环表面无烧伤、沟槽、锈蚀和积垢;一般当电刷磨损25~30 mm时更换;同一极性的电刷要一起更换,不能只更换其中一部分	弹簧秤、凡士林、汽油、0#砂纸、棉纱布等	新换上的电刷要用细砂纸将电刷与集电环的接触面磨成圆弧,并经轻负荷运行1~2 h,使其接触面达到80%以上。碳刷工作压力15~25 kPa

5.2　主水泵日常维护清单

序号	维护周期	维护内容	维护标准	维护工具或方法	注意事项
1	每月	设备保洁	无灰尘、污渍、油渍以及锈蚀等现象,表面整洁	线手套、清洗液、塑料桶、毛巾、吸尘器等	不要破坏设备表面,佩戴必要的安全帽、安全带等防护用具
2		叶片角度动作试验	调节器显示角度应与实际角度一致	使用调节器调节	从最小至最大角度逐一比对,注意排气
3	每季	检查填料磨损及密封情况	填料完好、密封良好	聚四氟乙烯,规格25 mm×25 mm	对填料磨损严重的进行更换
4	每两年	水泵水下检查,主要检查导轴承间隙及磨损情况,叶片与外壳之间的间隙	在合格范围之内,符合设计要求	放下检修闸门,打开长柄阀,放空流道内渗漏水	水下施工需注意防护,防止溺水,检查结束后勿遗漏工、器具

5.3　高、低压开关柜日常维护清单

序号	维护周期	维护内容	维护标准	维护工具或方法	注意事项
1	每周	检查仪表、指示灯	工作正常、指示准确	目测	异常时应先查明原因再及时更换
2		检查一次接线桩头试温片	无脱落	打开柜内照明灯查看	发现问题及时处理
3		有无放电现象	无放电声音	目测	发现问题及时处理
4		检查柜体封堵是否密实	防小动物措施完善	打开柜内照明灯查看	发现问题及时处理
5	每月	对柜体表面进行保洁	无灰尘、污渍	线手套、干毛巾	防止触电
6		电气预防性试验	参照《电力设备预防性试验规程(DL/T 596—2005)》	电力设备试验专用仪器	注意试验安全
7	每年	检查一次接线桩头以及二次回路接线端子	一次接线桩头紧固,示温片齐全,无发热现象;二次回路端子紧固,标号清晰	细砂纸、凡士林、示温片以及组合工具等	停电后进行
8		对柜内进行保洁	无灰尘、污渍	毛刷、吹风机(吸尘器)	停电后进行

5.4 励磁系统日常维护清单

序号	维护周期	维护内容	维护标准	维护工具或方法	注意事项
1		检查仪表、指示灯	工作正常、指示准确	目测	异常时应先查明原因再及时更换
2	每周	检查一次接线桩头试温片	无脱落	打开柜内照明灯查看	发现问题及时处理
3		检查柜体是否封堵密实	防小动物措施完善	打开柜内照明灯查看	发现问题及时处理
4	每月	对柜体表面进行保洁	无灰尘、污渍	线手套、干毛巾	断电后进行
5	每季	进行调位手动投励试验,检测励磁输出、励磁启动回路功能	投励应正常,不正常时立即排查原因,及时进行维修	万用表、组合工具	考虑励磁外围回路影响
6		与励磁装置相关设备联锁动作的可靠性检查,与主机组断路器进行一次联动试运行	联动可靠,启动投励正常,数据准确	真机试运行	防止投励失败
7	每年	检查焊点及各接线端子,对有腐蚀和锈蚀的部分进行处理	无虚焊,接线端子紧固,无锈蚀	万用表、组合工具、细砂纸	防止伤手
8		紧固接线螺丝和螺栓,重点是整流桥、励磁变连接电缆头部分	连接紧固、可靠	扳手、细砂纸、凡士林	断电后进行
9		对空气开关主触头辅助接点接触的良好性、可靠性进行检查	主触头、辅助接点表面无氧化,接触良好	万用表、组合工具、细砂纸、凡士林	断电后进行
10		模拟快速熔断器故障跳主机主机断路器	跳闸联动可靠	手动	先解除零励磁跳闸回路
11		对励磁装置整体性能进行测试	按照厂家要求,对失步再整步等功能进行逐一整体测试	万用表、组合工具、记录簿	做好测试结果记录分析

5.5 电抗器室日常维护清单

序号	维护周期	维护内容	维护标准	维护工具或方法	注意事项
1	每天	检查仪表、指示灯	工作正常、指示准确	目测	异常时应先查明原因再及时更换
2		有无放电现象	无放电声音	耳听	发现问题及时处理
3	每周	柜内加热器及照明检查	接线紧固无松动、加热器完好、照明正常	组合工具、万用表	发现问题及时处理
4		检查绝缘子、母线连接处各绝缘外套及接头	母线及绝缘子完好、无放电痕迹、无龟裂变形	示温纸以及组合工具等	停电后进行
5		检查柜体是否封堵密实	防小动物措施完善	打开柜内照明灯检查	发现问题及时处理
6	每月	对柜体表面及柜内进行保洁	无灰尘、污迹	线手套、干毛巾	停电后进行
7	每季	检查电抗器与母线等引线的连接	一次接线桩头紧固，无发热现象	细砂纸、凡士林、示温纸以及组合工具等	停电后进行
8		修补线圈外部损坏的绝缘漆	绝缘层无裸露、破损	绝缘漆、毛刷	停电后进行
9		检查支柱绝缘子接地状况及紧固支柱螺栓	连接紧固、可靠	扳手	停电后进行
10	每年	电气预防性试验	合格	参照《电气试验规程》	注意试验安全
11		检查一次接线桩头以及二次回路接线端子	一次接线桩头紧固，无发热现象，二次回路端子紧固，标号清晰	细砂纸、凡士林、试温纸以及组合工具等	停电后进行
12		对高压断路器性能进行测试、维护	搭跳试验，并按照断路器说明书进行维护	手动	做好测试结果及记录分析

5.6 变频器日常维护清单

序号	维护周期	维护内容	维护标准	维护工具或方法	注意事项
1	每天	检查仪表、指示灯	工作正常、指示准确	目测	异常时应先查明原因再及时更换
2		现场温湿度	温度范围 0～40 ℃，湿度要求≤80%	目测	发现问题及时开启空调与除湿机
3		有无放电现象	无放电声音	耳听	发现问题及时处理
4	每周	检查柜体是否封堵密实	防小动物措施完善	打开柜内照明灯检查	发现问题及时处理
5	每月	对柜体表面及柜内进行保洁	无灰尘、污迹、滤网清洁	线手套、干毛巾、扫帚、吸尘器等	停电后进行
6	每季	功率单元电容充电重整实验	试验中查看功率单元工作应正常	万用表、电子调压器、套筒扳手等	停用 3 个月后进行
7	每半年	检查一次接线桩头以及二次回路接线端子	一次接线桩头紧固，无发热现象，二次回路端子紧固，标号清晰	细砂纸、凡士林、示温纸以及组合工具等	停电后进行
8	每年	电气预防性试验	合格	参照《电气试验规程》	注意试验安全
9		UPS 蓄电池深度充放电	容量不低于 80%	万用表、放电仪、组合工具等	停电后进行

5.7 供、排水系统日常维护清单

序号	维护周期	维护内容	维护标准	维护工具或方法	注意事项
1	每月	设备保洁	整洁、无锈蚀	线手套、清洗液、棉毛巾	注意作业安全
2		试运行一次	供水泵工作正常、压力仪表指示准确	带电运行	注意闸阀位置
3	每季	闸阀保养	开关灵活	使用润滑油脂保养螺杆，手动旋转至全开、全关各一次	注意闸阀位置
4		管路保养	无锈蚀、渗漏	防锈漆、除锈剂、砂纸、生料带	注意作业安全
5	每年	电机绝缘电阻检测	绝缘电阻大于 0.5 MΩ	使用 500 V 摇表	如电动机绝缘电阻发生显著下降，应及时处理
6		控制柜维护	一二次接线紧固，标号清晰，防小动物措施完好，元器件表面无积尘	专用工具、干毛巾、毛刷、吸尘器	停电后进行

5.8 继电保护设备日常维护清单

序号	维护周期	维护内容	维护标准	维护工具或方法	注意事项
1	每天	检查继电保护设备	面板无故障、事故或越限报警信号,与上位机通讯正常,工作电源正常投入	目测	发现报警信号应及时查明原因并处理
2		室内环境温湿度	相对湿度≤75%,温度5~30 ℃	目测	不满足条件时应开启空调
3	每月	对设备表面进行一次保洁	无灰尘、污渍	线手套、干毛巾	防止触电
4	每月	核对有关电压、电流以及开关量变位、时钟等参数	参数显示正常,与监控网内时钟误差在毫秒级,同时做好维护记录	目测	必要时与上位机进行时钟对时
6	每年	继电保护校验	参照《继电保护和电网安全自动装置检验规程》(DL/T 995—2016)及有关微机保护装置检验规程	微机保护校验仪等	恢复接线时注意接线的准确性
7		二次回路检查维护	接线端子连接紧固,标号清晰,排列整齐。电缆标牌无缺失、字迹模糊现象	专用组合工具、目测	注意接线恢复的准确性

5.9 真空破坏阀日常维护清单

序号	维护周期	维护内容	维护标准	维护工具或方法	注意事项
1	每月	设备保洁	整洁、无锈蚀	线手套、清洗液、棉毛巾	注意作业安全
2	每季	阀体保养	开关灵活	使用润滑油脂保养螺杆,手动旋转至全开、全关各一次	注意闸阀位置
3		试运行一次	与主机断路器联动正常	联合试运行	严格执行操作票
4	每年	控制箱维护	一二次接线紧固、标号清晰,元器件表面无积尘,熔丝完好	专用工具、干毛巾、毛刷、吸尘器	停电后运行

5.10 叶调系统日常维护清单

序号	维护周期	维护内容	维护标准	维护工具或方法	注意事项
1	每月	管路、阀件等渗漏油检查	无渗漏	目测	紧固或堵漏,无效时应更换零部件
2		设备保洁	整洁、无锈蚀	线手套、清洗液、棉毛巾	注意作业安全,停运时进行
3	每季	试运行一次	与主机断路器联动正常	联合试运行	严格执行操作票
4		阀体保养	开关灵活	使用润滑油脂保养螺杆,手动旋转至全开、全关各一次	注意闸阀位置
5	每年	电机绝缘电阻检测	绝缘电阻大于 0.5 MΩ	使用 500 V 摇表	如电动机绝缘电阻发生显著下降,应及时处理
6		油化试验	参照《液压油》(GB 11118.1—2011)	油化试验专用仪器	注意试验安全
7		控制箱维护	一二次接线紧固,标号清晰,元器件表面无积尘,熔丝完好	专用工具、干毛巾、毛刷、吸尘器	停电后运行

5.11 液压式启闭机日常维护清单

序号	维护周期	维护内容	维护标准	维护工具或方法	注意事项
1	每天	检查仪表、指示灯	电流、电压及开度显示正常,指示灯指示准确	目测	异常时应先查明原因再及时处理
2		检查油箱、管道有无渗漏油情况	无渗漏	目测	发现问题及时处理
3		检查闸阀状态	开关状态符合运行条件	目测	不得随意开关闸阀
4	每周	设备保洁	整洁、无锈蚀	线手套、清洗液、棉毛巾	注意作业安全
5		检查柜体是否封堵密实	防小动物措施完善	打开柜内照明灯查看	发现问题及时处理
6	每月	试运行一次	油泵工作正常,压力仪表、闸门开度指示准确,油位及油质正常,开关可靠	联动主机组试运行	上位机联动控制

(续表)

序号	维护周期	维护内容	维护标准	维护工具或方法	注意事项
7	每月	空气滤清器检查	蓝色颗粒	目测	颗粒变色应烘干、晒干或更换
8	每季	检查一次接线桩头以及二次回路接线端子	一次接线桩头紧固,无发热现象,二次回路端子紧固,标号清晰	细砂纸、凡士林、示温纸以及组合工具等	停电后进行
9		滤芯检查	清洁	扳手	油污过脏应清洗或更换滤芯
10	每年	液压油过滤	清洁	滤油机、扳手、细毛巾等	注意保护现场
11		油质检测	合格	检测单位检测	油样准确

5.12 闸门、卷扬式启闭机日常维护清单

序号	维护周期	维护内容	维护标准	维护工具或方法	注意事项
1	每月	设备保洁	无灰尘、污渍、油渍以及锈蚀等现象,表面整洁	线手套、清洗液、塑料桶、毛巾、吸尘器等	不要破坏设备表面,佩戴必要的安全帽、安全带等防护用具
2		试运行一次	启闭正常	全开、全关	注意门槽无卡滞
3		检查止水橡皮	完好、无渗漏	人工检查	
4	每年	钢丝绳保养	无杂质、润滑油均匀	汽油、柴油、钢丝刷、钙基脂	注意钢丝绳松紧调整
5		电机绝缘电阻检测	绝缘电阻大于 0.5 MΩ	使用 500 V 摇表	如电动机绝缘电阻发生显著下降,应及时处理
6		检查减速机润滑油	润滑油无乳化	专用润滑油	必要时更换、注意油位
7	每两年	水下检查	闸门门槽完好	专业潜水员检查	注意作业安全

5.13 直流电源柜日常维护清单

序号	维护周期	维护内容	维护标准	维护工具或方法	注意事项
1	每天	检查直流柜面板	面板无故障、事故或报警信号	目测	发现报警信号应及时查明原因并处理
2		环境温湿度要求	蓄电池运行环境温度 5～35 ℃	目测	不满足条件时应开启空调

(续表)

序号	维护周期	维护内容	维护标准	维护工具或方法	注意事项
3		机柜清洁	无灰尘、杂物	棉布擦洗、灰尘使用吸尘器	防止触电
4	每月	交流停电,切换蓄电池供电	转换正常,无异常报警	手动关掉交流电源,试验3～5 min后再投入	注意观察工作状态,检查电池组电压下降情况
5		直流检测单元测试	测量数值准确	通过人机界面查看	在合格范围之内
6		单体电池检测	检查单体电池电压	万用表或者触摸屏	防止短路
7	每季	均衡充电	充电电流0.1 C、均充电压248 V、浮充电压230 V	使用直流屏高频开关按照0.1 C进行充电	注意终止电压
8	每年	直流馈线回路失电检查	失电后应有声音或光字报警信号	手动转换	注意与计算机监控系统的联动
9		一二次回路检查维护	接线紧固,标号清晰,电缆完好	目测,专用工具	停电后进行
10		对电池组进行核对性充放电	若放充三次,蓄电池组均达不到额定容量的80%,应进行更换	用电池放电仪进行恒流放电,形成充放电报告	蓄电池容量核对充放电时,放电后间隔1～2 h应进行容量恢复充电,禁止在深放电后长时间不充电,特殊情况下不应超过24 h

5.14 PLC柜日常维护清单

序号	维护周期	维护内容	维护标准	维护工具或方法	注意事项
1	每月	检查模块状态	工作正常	目测	发现异常及时查明原因并处理
2	每年	对柜内进行保洁	无灰尘、污渍	毛刷、干毛巾、吹风机(吸尘器)	停电后进行
3		一二次回路检查维护	接线紧固,标号清晰,电缆完好	目测,专用工具	停电后进行

5.15　柴油发电机室日常维护清单

序号	维护周期	维护内容	维护标准	维护工具或方法	注意事项
1	每月	设备保洁	整洁、无锈蚀	线手套、清洗液、棉毛巾	注意作业安全
2		试运行一次	仪表、参数指示准确,发电机组运行声音正常	启动运行	按照操作规程检查油路、水路、电路
3		更换机油	机油无乳化现象	专用机油	注意油位
4	每年	蓄电池充放电	电压、容量正常,满足正常启动需求	使用充电机充电,使用放电仪放电	防止触电、短路

5.16　行车、电动葫芦日常维护清单

序号	维护周期	维护内容	维护标准	维护工具或方法	注意事项
1	每月	设备保洁	无灰尘、污渍、油渍以及锈蚀等现象,表面整洁	线手套、清洗液、塑料桶、毛巾、吸尘器等	不要破坏设备表面,佩戴必要的安全帽、安全带等防护用具
2		试运行一次	大、小车运行正常,主、副钩起吊正常	通电运行	注意作业安全
3		特种设备检测	合格	质检部门上门检测	注意登高安全
4		电机绝缘电阻检测	绝缘电阻大于 $0.5\ \mathrm{M\Omega}$	使用 500 V 摇表	如电动机绝缘电阻发生显著下降,应及时处理
5	每年	控制柜保养	一二次接线紧固、标号清晰,防小动物措施完好,元器件表面无积尘	专用工具、干毛巾、毛刷、吸尘器	停电后进行
6		防腐处理	整洁,无锈蚀	钢丝刷、除锈剂、防锈漆	注意作业安全
7		钢丝绳保养	无杂质、润滑油均匀	汽油、柴油、钢丝刷、钙基脂	注意钢丝绳松紧调整

5.17 清污机、皮带输送机日常维护清单

序号	维护周期	维护内容	维护标准	维护工具或方法	注意事项
1	每月	试运行一次	运行正常	目测、听声音	注意链条无卡滞
2		齿轮、链条保养	无杂质、润滑油均匀	汽油、柴油、钢丝刷、钙基脂	注意润滑油均匀程度
3	每年	电机绝缘电阻检测	绝缘电阻大于 0.5 MΩ	使用 500 V 摇表	如电动机绝缘电阻发生显著下降,应及时处理
4		防腐处理	整洁,无锈蚀	钢丝刷、除锈剂、防锈漆	注意作业安全
5	每两年	水下检查	格栅完好	专业潜水员检查	注意作业安全

5.18 UPS 日常维护清单

序号	维护周期	维护内容	维护标准	维护工具或方法	注意事项
1	每月	充电状态	蓄电池组、单体电池电压正常	万用表	发现异常及时查明原因并处理
2		机柜清洁	无灰尘、杂物	棉布擦洗、灰尘使用吸尘器	防止触电
3		交流停电,检验 UPS	转换正常,供电正常	手动关掉交流电源,试验 3~5 min 后再投入	注意观察工作状态,检查电池组电压下降情况
4		单体电池检测	检查单体电池电压	万用表	防止短路
5		一二次回路检查维护	接线紧固,标号清晰,电缆完好	目测,专用工具	停电后进行
6	每年	对电池组进行核对性充放电	若放充三次,蓄电池组均达不到额定容量的 80%,应进行更换	用电池放电仪进行恒流放电,并最终形成充放电报告	蓄电池容量核对充放电时,放电后间隔 1~2 h 应进行容量恢复充电,禁止在深放电后长时间不充电,特殊情况下不应超过 24 h

5.19　主变压器日常维护清单

序号	维护周期	维护内容	维护标准	维护工具或方法	注意事项
1	每天	外观巡视检查	油位、油色、油温正常,无渗漏油现象,呼吸器完好,硅胶无变色,套管表面清洁,外部无破损裂纹,无严重油污,无放电痕迹及其他异常情况,压力释放阀、安全气道及防爆膜完好,瓦斯继电器内无气体	目测	如变压器运行时,应注意正常声音为均匀的嗡嗡声,且无闪络放电现象
2	每周	设备室卫生清洁	室内清洁,无灰尘、蜘蛛网等	毛刷、吸尘器、干毛巾	设备运行时,注意安全距离
3	每季	清理表面	整洁,无污渍、无锈蚀	用干燥的棉毛巾擦拭	做好防护,应在断电后进行,开第一种工作票
4	每年	电气预防性试验	参照《电力设备预防性试验规程》(DL/T 596—2005)	电力设备试验专用仪器	应在断电后进行,开第一种工作票,注意作业安全
5		油化试验	参照《电力设备预防性试验规程》(DL/T 596—2005)	油化试验专用仪器	注意试验安全
6		电缆、母线及引线接头保养	接触良好,无发热现象,示温纸齐全	细砂纸、凡士林、示温片以及组合工具等	登高作业注意安全,开第一种工作票,做好防护

5.20　GIS日常维护清单

序号	维护周期	维护内容	维护标准	维护工具或方法	注意事项
1	每天	检查相关仪表、指示灯	工作正常、指示准确	目测	异常时先查明原因再及时更换
2	每周	气室压力	在正常范围内	目测	进入GIS室前通风不得少于15 min,室内氧气含量应大于18%
		有无气体泄漏	无泄漏	SF6监测装置、气体检漏仪	进入GIS室前通风不得少于15 min,室内氧气含量应大于18%
3	每月	清理设备柜体	无灰尘、无污渍、无锈蚀	用干燥的棉毛巾擦拭	防止触电
4	每年	电气预防性试验	参照《电力设备预防性试验规程》(DL/T 596—2005)	电力设备试验专用仪器	注意试验安全

机组大修作业指导书

1 范围

1.1 目的

（1）使水泵机组大修工作和作业活动有章可循，使工作（作业）安全风险评估和过程控制规范化，保证大修全过程的安全和质量；

（2）对新进员工的学习和工作起到指导作用，便于员工随时学习和查阅。

1.2 适用范围

本部分内容适用南水北调东线江苏境内大型泵站水泵机组的大修和小修（或称局部性检修）。主机组小修是在不拆卸整个机组的条件下，重点处理某一设备的缺陷，通过小修可掌握设备的使用情况，为大修提供依据，延长设备使用周期；主机组大修是对机组进行全面解体、检查和处理，更新易损件，修补磨损件，对机组的同轴度、摆度、垂直度（水平）、高程、中心、间隙等进行重新调整，消除机组运行过程中的重大缺陷，恢复机组各项指标。主机组大修通常分一般性大修和扩大性大修。扩大性大修应包括一般性大修的所有内容、磁极线圈或定子线圈的检修更换、叶轮的静平衡试验等。

1.3 周期

一台机组前后两次大修间隔时间称大修周期（根据《南水北调泵站工程管理规程（试行）》，大修周期一般是 3～5 年，或者 8 000～20 000 台时）。几种机组检修中，大修所需人力、物力、财力最多，延续时间最长，对机组质量影响最大。

大修周期的确定一定要慎重，如果没有特殊要求，应尽量避免拆卸工作性能良好的部件和机构，因为任何这样的拆卸和装配都会有损它们的工作状态和精度。尽量延长检修周期，要考虑到零件的磨损情况、类似设备的实际运行经验和该设备在运行中某些性能指标下降情况等因素。有充分把握能维持机组的正常运行，就不安排大修。但也不能片面地追求延长大修周期，而不顾某些零件的磨损情况。因此，大修应有计划地而不是盲目、教条式地进行，以免影响机组正常效益的发挥。

2 规范性引用文件

下列文件对于本标准的应用是必不可少的。凡是注日期的引用文件，仅注日期的版本适用于本标准。凡是未注日期或版本号的引用文件，其最新版本适用于本标准。

SL 317 泵站设备安装及验收规范

DB 32/T 2334.3 水利工程施工质量检验与评定规范　第 3 部分：金属结构与水力机械

NSBD 16—2012 南水北调泵站工程管理规程（试行）

南水北调江苏水源公司工程维修养护管理办法

泵站相关图纸及说明书。

3 术语和定义

下列术语和定义适用于本文件。

3.1 高程 Altitude

某点沿铅垂线方向到基面的距离。

3.2 水平度 Horizontal

水平度误差,被测实际表面相对于水平面的平行度误差。

3.3 中心 Centre

跟四周距离相等的位置。

3.4 摆度 Throw

如果发电机主轴的几何中心线与旋转中心线不重合,转子转动时,主轴的中心线就会绕着旋转中心线转动,看上去,好像是主轴中心线在旋转中心线的两边摆动,所以称其为摆度。

3.5 同心度 Concentricity

插芯内径距离整个圆心的偏移程度。

3.6 配合 Coordination

基本尺寸相同的相互结合的孔和轴公差带之间的关系。决定结合的松紧程度。孔的尺寸减去相配合轴的尺寸所得的代数差为正时称间隙,为负时称过盈,有时也以过盈为负间隙。

3.7 尺寸公差 Tolerance of dimension

允许尺寸的变动量,即最大极限尺寸减最小极限尺寸,也等于上偏差减下偏差所得的代数差。尺寸公差是一个没有符号的绝对值。

4 总体布置

4.1 组织网络

成立机组大修项目部,组织检修人员,配备各工作技术骨干,明确分工,查阅技术档案,了解主机组运行状况。项目部主要负责机组大修现场的质量、安全、进度和资金等管理,由项目负责人、技术负责人、安全员、起重工、电工、机工等组成,规章制度参照水源公司相关规定。

大修项目(1台机组)需要 10 人,人员配置如表 1 所示。

表 1　机组大修人员配置表

序号	职务	人数(人)	备注
1	项目负责人	1	
2	技术负责人	1	
3	安全员		可电工兼
4	资料员		质检员兼
5	质检员	1	
6	机工	4	
7	电工	1	
8	起重工	2	
人员小计		10	

4.2　岗位职责

4.2.1　项目负责人

(1)项目负责人是施工单位在该工程项目的代理人,代表施工单位对工程项目全面负责,是安全工作第一责任人。

(2)遵守国家和地方政府的政策法规,执行公司的规章制度和指令。在该项目中代表公司履行合同执行中的有关技术、工程进度、现场管理、质量检验、结算与支付等方面工作。

(3)主持制订项目的施工组织设计、质量计划及总体计划。

(4)深入施工现场,处理矛盾,解决问题。不断完善经济制度,搞好经济效益,主持项目盈亏分析。

(5)搞好施工现场管理和精神文明建设,关心职工生活,确保安全生产,保障职工人身、财产的安全。

(6)做好项目的基础管理工作,保证各文件、资料、数据等信息能准确及时地传递和反馈,及时进行工程结算和清算。

4.2.2　技术负责人

(1)在项目负责人的领导下,对本工程技术、质量管理工作全面负责,编制项目实施方案,对关键工序、特殊部位、复杂部位制订技术和质量控制方案,解决项目技术难题。

(2)负责现场施工过程,并协调整个现场施工的各工种。

(3)负责组织现场各专业技术难题攻关。

(4)负责编写施工技术措施、安全技术措施。

(5)负责对施工人员进行技术交底。

(6)负责审查本项目技术文件资料、质量记录等,交资料员归档。

4.2.3 安全员

（1）在项目负责人领导下，负责项目部安全管理工作，积极协助组织人员学习和贯彻执行国家的劳动保护政策、法令及上级颁布的安全规程、管理制度，并模范地遵守。

（2）负责督促、检查技术操作规程执行情况，敢于制止违章指挥、违章作业和违反劳动纪律的行为。

（3）负责施工现场的安全教育、安全监督，认真开展安全活动，坚持文明生产。

（4）负责检查现场相关设备的安全，督促施工人员落实安全措施，正确使用安全用品、用具。

（5）经常深入现场检查安全情况，发生人身、设备事故应及时报告，积极参加抢救工作，并保护好现场，做好事故的调查。

4.2.4 资料员

（1）负责及时收集、整理、保管施工现场发生的原始数据、检修记录等技术资料。

（2）负责设备、材料等台账的录入、整理和管理工作。

（3）负责施工总结报告等资料的编写工作并装订成册，保证资料的完整性、正确性和规范性。

（4）做好宣传工作。

4.2.5 质检员

（1）根据相关质量体系文件，全面指导、检查、监督检修的产品质量，负检查责任。

（2）随时做好有关质量记录。

（3）负责质量文件的登记、保管，及时清理无效文件。

（4）负责检修工艺、质量的执行和落实，按质量标准和质量验收要求及时进行质量验收。

（5）对由于质检工作疏漏、失职造成的工程质量事故承担责任。

4.2.6 机工

（1）严格按照设备检修的技术标准、工艺要求及进度进行检修。

（2）保证设备的检修质量，并按质量检查和验收要求做好自检工作。

（3）检修中出现技术问题，主动与技术负责人配合，提出解决方案。

（4）检修后协助做好试运行工作。

（5）加强工具的保管和使用，检修现场的工具及零配件应按规定摆放，做到安全、文明施工。

4.2.7 电工

（1）严格按照电气安全操作规程进行电气检修工作。

（2）负责现场施工电气设备的维护工作，发现隐患故障时应及时处理并汇报。

（3）做好现场施工用电的安全保障工作，防止相关事故发生。

（4）因施工需要临时改动电气设备或线路时应作好记录，并及时汇报。

（5）检修后协助做好试运行工作。

4.2.8 起重工

（1）行车驾驶员必须身体健康，矫正视力在0.7以上，无色盲，听力满足具体工作条件要求，经培训，考试合格，取得行车驾驶员操作证方后可进行驾驶。

（2）驾驶人员应熟悉所操作起重机的构造和技术性能，责任心强，有一定的维修、保养经验。

（3）行车驾驶员应准确执行指挥信号，信号不清楚时严禁开车，开车前必须鸣铃示警。

（4）操作时必须集中精力，谨慎驾驶，随时注意地面指挥人员发出的信号。

（5）严禁酒后操作。

（6）被吊物未准确落到指定位置时，严禁离开工作岗位。

（7）未弄清指挥人员发出的信号时禁止操作。

（8）遇有紧急情况，必须立即停止起吊。

（9）工作结束后，控制器的手柄都置于零位，切断电源，方可离开驾驶室。

（10）负责协助技术负责人制订相关起重技术方案。

4.3　工作制度

工作制度详见附录 A。

4.4　硬件配置

4.4.1　工具

盘点大修工具，针对泵站机组类型，预先准备和制作大修中所需的专用工具等（见附录B），涵盖起重工具、手动工具、电动工具，量具（见附录 C）等。

4.4.2　材料

盘点耗材、备品件及专用工具等，提前采购维修所需更换的易损件、密封件以及各类辅助材料工具等（见附录 D）。

4.2.3　安全防护

（1）采购统一的工作服饰，按季节共备两种工作服：短袖与长袖。在上衣左胸前绣上南水北调标志，统一着装。

（2）采购防毒面具、安全帽、安全绳、安全带、灭火器等安全防护用具，满足现场配备要求。在工程正式施工前，对施工的人员配备及安全用具作一次全面的检查，发现损坏或缺失的给予更换及配齐。

（3）准备进场后的现场布置材料，提前准备好质量标准、危险源公示牌、检修现场安全制度、安全警示、施工组织网络、机组解体流程图、机组安装流程、工程概况、安全标识标牌等展牌。

4.5　资料管理

（1）动火作业审批单（见附录 E）

（2）特种设备使用审批单（见附录 F）

（3）大修报告（见附录 G）

5 机组大修作业流程

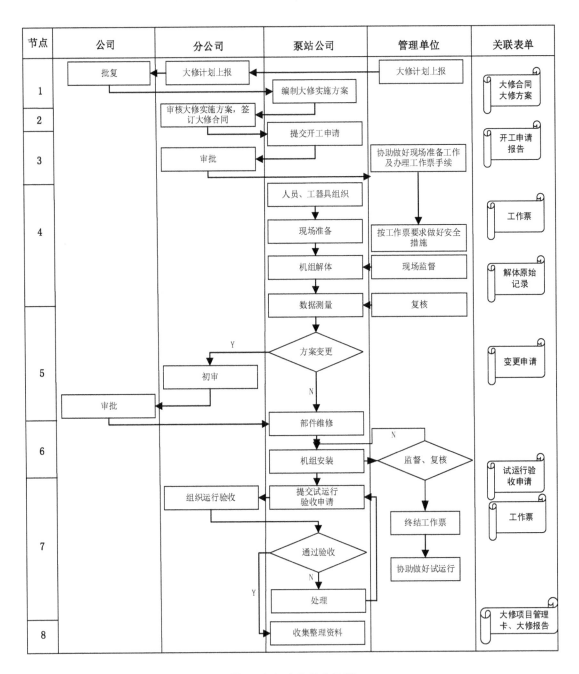

图 1 机组大修作业流程

表 2 机组大修作业流程说明

	流程节点	责任人	工作说明
1	编制大修实施方案	泵站公司	根据公司批复,结合工程特点编写大修实施方案,明确大修施工内容、工艺等,报分公司审核
2	签订合同	分公司、泵站公司	签订泵站机组大修合同,管理单位作为甲方现场机构,合同应明确三方责权利
3	开工申请	泵站公司	向分公司提交开工申请
		分公司	审核开工申请
		管理单位	协助施工单位做好排水等工作,确保行车、检修电源、照明等设施设备正常,协助提供相关技术资料,按规范办理工作票手续,落实安全措施等
4	机组解体	施工单位	组织人员及工器具进场,做好现场准备工作,收集资料,检查设备情况,进行机组解体,完成原始数据测量、记录、整理
		管理单位	现场监督解体工作,对测量数据进行复核
5	方案变更	施工单位	如大修方案变更,由施工单位向分公司提交变更申请
		分公司	初审变更申请
		江苏水源公司	审核变更申请
6	部件维修机组安装	施工单位	组织部件维修、机组安装
		管理单位	做好现场监督和数据复核,协助提供相关技术资料,落实安全措施等
		分公司	组织开展部件维修的出厂验收等工作
7	试运行验收	施工单位	及时向分公司提交试运行验收申请
		管理单位	协助做好试运行并参加试运行验收,终结工作票
		分公司	组织合同三方开展机组试运行验收,江苏水源公司派员参加
8	收集整理资料	施工单位	及时收集整理大修资料,编制大修报告,移交分公司和管理单位各一份

6 大修作业

6.1 现场准备

经分公司及现场管理单位批准后,组织人员及工器具进场,严格按照下面内容进行准备工作。

6.1.1 组织人员学习

1. 学习规程规范、规章制度

学习内容:《泵站设备安装及验收规范》(SL 317—2015)、《水利工程施工质量检验与评

定规范 第 3 部:金属结构与水力机械》(DB 32/T 2334.3—2013)、《南水北调泵站工程管理规程》(NSBD 16—2012)等相关内容。

2. 安全教育

要坚持把安全生产工作放在一切工作的首位,要把安全这根弦绷紧。施工安全由专门的安全员负责,并且不断监督提醒,绝不留任何的事故隐患。现场负责人坚持施工现场的检查工作,一旦发现情况,坚决加大力度整改,以确保安全生产工作的顺利开展。

定期对各种设备、现场工况、场所环境、人员状况进行认真检查分析,例会研究安全生产状况,提出建设性的建议,及时通报、传达上级会议精神,努力做到上情下达。结合工作实际,总结经验,吸取教训,使大家在生产中始终将安全置于第一位。

3. 学习大修方案、图纸资料

组织项目部全体人员学习泵站大修相关施工图纸、运行及维修保养资料,学习大修施工方案,明确大修的目的,讨论交流该大修项目的实施重点和技术难点,对此次大修进行技术交底、质量交底。在大修现场备一套图纸资料,方便查阅,检修现场墙壁应张贴结构图等图纸。

6.1.2 移交施工场地

组织召开项目开工联系会,现场负责人及安全员配合现场管理单位执行工作票,断开一次、二次线电源,挂标示牌,明确相关安全措施。检查行车等设备的使用情况。

6.1.3 布置检修场地

(1)地面第一层为 PVC 复合针织棉防护地膜,用于隔油、保护地面瓷砖等,第二层为防滑地板革,承重区额外加铺 9mm 厚防火阻燃胶合板。

(2)检修间:为大修主要作业区,需满铺防护地膜、地板革加木板。

(3)主机层:主电机四周及同其他机组隔离后的相关区域,需铺地膜加地板革。

(4)联轴层(若有):联轴层四周及同其他机组隔离后的相关区域,需铺地膜加地板革。

(5)检修层:仅堆放少量工器具,无油污,故仅铺地膜加地板革。

(6)水泵层(若有):水泵层四周及吊孔处区域,承重拆解的叶轮外壳等部件,无油污,仅铺设木板。

(7)巡视通道:检修区域与管理区域间的巡视通道铺设一层 PVC 复合针织棉防护地膜,保证检管理人员日常巡视行走地面的整洁。

(8)布置防护围栏,用于隔离检修区域与工作区域,围挡检修过程中如电机坑洞、水泵坑洞、检修闸门坑洞等部位。

(9)机组大修展牌与展架包括工程概况、解体流程、安装流程、大修进度图、重大危险源告知牌。

(10)在易发生伤亡事故(或危险)处设置明显的,符合国家标准要求的安全警示标志牌、宣传标语及告知牌,同时要做到整体效果协调。

6.1.4 排水检查

对现场排水泵、排水闸阀进行复查,检查检修门止水是否良好,确保使用安全可靠,同时检查自备的两台潜水泵,做好电气接线及管路连接,随时待命,满足应急排水。同现场管理单位进行交流沟通,明确排水操作及值班责任。

6.1.5 机组排水

（1）吊放检修门：打开检修门槽盖板，吊放检修门。

（2）进水流道及泵室排水。

（3）打开检修机组流道检修闸阀，排空流道积水，同时保持廊道水面平稳，保证检修闸门漏水量能满足检修要求。

（4）加强检修闸门漏水量观察，特别是夜间排水及排水泵的自动工作情况，若闸门漏水量大则需潜水堵漏。

（5）排水完成后，将所有坑洞周边搭设脚手架或围上围栏，并悬挂警示牌。收集清理、整理好现场。

6.2 一般要求

（1）机组解体即机组的拆卸，是将机组的重要部件依次拆开、检查和清理。

（2）机组解体的顺序应遵守先外后内、先部件后零件的程序原则，解体应准备充分，有条不紊、次序井然、排列有序。

（3）各分部件的连接处拆卸前，应查对原位置记号或编号，用钢字码或油漆笔打上印记，确定方位，使复装后能保持原配合状态，拆卸要有记录，总装时按照记录安装。

（4）零部件拆卸时，应先拆销钉，后拆螺栓。

（5）螺栓应按部位集中存放，并根据锈蚀情况进行除锈保养或购新，防止丢失、锈蚀。

（6）零件加工面不应敲打或碰伤，如有损坏应及时修复。清洗后的零部件应分类摆放，用干净木板垫好，避免碰伤，并用布盖好。大件存放应用木方垫好，避免损坏零部件的加工面或地面。

（7）零部件清洗时，宜用专用清洗剂清洗，周边避免零碎杂物或易燃易爆物品，严禁火种。

（8）螺栓拆卸时应配用套筒扳手、梅花扳手、呆扳手和专用扳手。精致螺栓拆卸时，不能用手锤直接敲打，应加垫铜棒或硬木，锈蚀严重的螺栓拆卸时，不应强行扳扭，可先用除锈剂，然后用手锤从不同方位轻敲，使其受震动松动后，再行拆卸。

（9）各管道或孔洞口，应用盖板或布进行封堵，压力管道应加封盖，防止异物进入或介质泄露。

（10）清洗剂、废油应妥善处理回收，避免造成污染和浪费。

（11）部件起吊前，对起吊器具进行详细检查，并试吊以确保安全。

（12）解体过程中，应注意原始资料的搜集，对原始数据必须认真测量、记录、检查和分析。针对该泵型，需要搜集的原始资料主要包括：伸缩节长度、叶片间隙、转动部件同轴度及跳动、固定部件垂直度及水平度等数据，以及叶片、叶轮室汽蚀情况的测量记录，各部位漏油甩油情况的记录，零部件的裂纹、损坏等异常情况记录等。

6.3 立式机组

本节以大型立式液压全调节混流泵为例，轴流泵或机械调节等结构参照执行。

立式机组剖面图详见附录 H。

立式机组大修工序图详见附录 I。

6.3.1 机组解体

工序 1：打开进人孔

（1）电动扳手拆卸进人孔螺栓，打开进人孔；

（2）拆卸弯管进人门，若进人门往上打开，需从顶盖处悬挂手拉葫芦 3 m 放下，固定进人门；

（3）进入人员需佩戴安全绳，量出导叶体内部尺寸，加工木板，并铺设导叶体脚踏板，用铁钉固定；

（4）清理现场，检查进人孔密封垫损坏情况。

工序 2：拆卸受油器

（1）叶片角度调至最大：

① 将叶片角度调至最大，清理并查看叶片刻度、受油器指针指示及显示屏显示是否一致，如不一致，以叶轮刻度为准；

② 待受油器漏油箱回油完毕，关闭相应的连接管道闸阀，挂检修指示牌禁止操作（为确保安全，可拆掉闸阀操作手柄挂于旁边）。

（2）拆除受油器管道：做好标记，拆除管路，堵好管口并包扎，以防赃物、异物掉入油管。

（3）拆卸控制电缆和限位：

① 拆卸通往受油器的电源、控制和通信电缆，并做好标记；

② 将电缆固定至电机冷却风道内电缆支架上。

（4）拆除受油器各部件：

① 拆除受油器外壳、连杆、刻度指针和刻度盘以及受油器上盖，检查密封用组合填料是否需要更换；

② 清理油箱，并记录轴承盒底部至油箱底部距离和轴承盒盖固定螺栓至受油器上盖内顶部距离；

③ 拆除平面推力组合轴承，检查是否有划痕、磨损、变色等异常现象，取出轴承盒；

④ 吊出受油器油箱，检查上下浮动瓦、操作油管及密封套是否有划痕、变色和异常磨损等情况，测量并记录下浮动瓦与密封套、上浮动瓦与上操作油管配合情况；

⑤ 测量、推算并记录挡油罩固定螺栓至油箱底距离；

⑥ 拆除挡油罩，注意与密封套的组合面是否有渗油现象；

⑦ 测量并记录底座中心偏差及水平度；

⑧ 拆密封套、检查密封套有无渗漏油现象。

（5）收集原始数据，清理现场：及时清理油迹，受油器解体后各零部件应专门收集整理存放好，各密封仔细检查，看是否有损坏，做好相关标记及解体记录，明确负责人。

工序 3：拆卸集电环

（1）吊出上机罩：

① 拆除测速线、励磁线、机罩内温度传感线并做好标记；拆除碳刷，对应牌号检查磨损并记录。

② 拆除上机罩与上油缸连接螺栓，吊出上机罩。

（2）拆除挡油盘：拆除集电环上方挡油盘螺栓，吊出挡油盘，放至指定位置。

（3）拆除集电环：拆除集电环与转子轴引线，引线拆除后，螺帽回装至集电环，以免遗失。

工序4:空气间隙、磁场中心检测(原始数据)

(1)测量计算磁场中心(如图2所示):按相对高差法采用深度尺和游标卡尺配合,测量电动机磁场中心,并记录(格式详见附录G,下同);注意:测量时,禁止杂物掉入转子与定子间隙中,注意脚下切勿踩踏定转子绕组线圈。

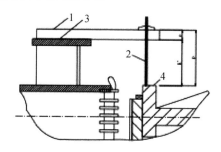

1—专用横担;2—深度千分尺;3—定子上端面;4—转子磁轭面。

图2 磁场中心测量

(2)测量计算空气间隙:按磁极数用塞尺在磁极的圆弧中部测量电动机空气间隙,并记录。

工序5:拆除填料函

(1)拆除填料水管道,并包扎管口,以防脏物进入。

(2)拆卸填料压板移放至指定位置。

(3)拆卸填料,填料函移至指定位置。

工序6:拆除水导轴承(如图3所示)

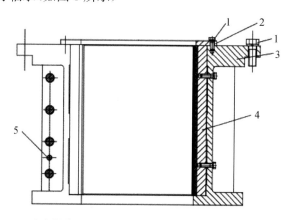

1—六角螺栓;2—压板;3—导轴承壳;4—轴瓦;5—圆锥销。

图3 水导轴承

(1)拆除导水帽、水箱盖板,吊放至大轴两侧。

(2)拆除水导轴承:

① 拆除轴窝内测振装置,做好标记;

② 测出水导轴承与轴颈之间四个正方向间隙,并做记录;

③ 解体水导轴承后,清理打磨轴窝,用水平仪测出导叶体水平度,做好记录。

工序 7：排油并测量上下导瓦间隙

（1）上下油缸排油：

① 关闭油水系统各闸阀，观察管路内应无压，拆除油水管道并用吸油布包扎好；

② 连接抽油泵，出油一端伸入空油桶，另一端伸入上油缸观察孔，插入油缸时注意勿损坏测温线。

（2）上下导瓦间隙测量：

① 打开油缸盖，拆除瓦架瓦托，拆除导轴瓦测温线及油温线，并做好标记；

② 测出轴瓦间隙并做好记录。

工序 8：测量摆度、中心、水平数据（原始数据）

（1）摆度测量：

① 每一处百分表，有专人记录数据；

② 启动电动盘车装置，盘一圈，百分表调至 0 位；

③ 每盘一个点，停下，记录百分表数据，直至盘完 8 个点。

（2）中心测量：

① 百分表架设在大轴轴颈处，指针放在水导轴窝内壁，以进人孔方向为起点；

② 每 90°盘车一次，测量数据并记录。

（3）水平测量：

① 启动电动盘车专用工具，盘一圈，将水平仪调至 0 位（气泡刻度线位置为 0）；

② 每盘一个点，停下，记录水平仪读数，直至盘完 8 个点。

工序 9：拆卸下油缸

（1）拆除轴瓦：

① 用中锤敲击扳手敲松抗重螺栓；

② 抗重螺栓旋至与瓦背有间隙，取出下油缸导向瓦（注意取出导向瓦时，应轻拿轻放，并保护瓦面）。

（2）拆卸下油缸底盖：

① 拆卸下油缸底盖正方向 4 颗连接螺栓，用丝杆旋紧螺帽固定后，拆除下油缸底盖剩余螺栓；

② 拆卸螺帽，待下油缸底盖与下机架配合面出现间隙时，观察一圈有无油迹，并及时清理油迹；

③ 测出底盖与下机架距离，调平底盖，距离需保证可以正常拆卸下瓦托。

（3）拆除挡油桶，及时清理油迹；拆除下瓦托（需一人在上方托住瓦托，以防掉下）。

（4）拆除抗重螺栓：将 8 个抗重螺栓依次旋出，放置指定位置。注意：抗重螺栓为细牙，需轻拿轻放，保护牙纹；检查抗重螺栓母牙与下机架焊缝处有无裂缝，做好记录，以便后期维养。

工序 10：拆卸上导瓦架

（1）拆卸轴瓦：

① 用中锤敲击扳手敲松抗重螺栓；

② 抗重螺栓旋至与瓦背有间隙，取出上油缸导向瓦（注意轻拿轻放，保护瓦面）。

（2）拆卸上导瓦架、测温元件，并放至指定位置。

工序 11：拆卸上油缸冷却器

（1）拆除上油缸冷却器上盖板、冷却器固定螺栓,吊出冷却器。

（2）拆除推力瓦测温元件:

① 拆除推力瓦8个方向测温元件(测温头是塑料件,当心拆卸);

② 各方位测温元件做好标记,缠好后放置在油缸安全位置。

工序 12:拆卸推力头装置(如图 4 所示)

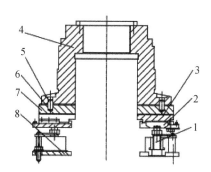

1—抗重螺栓;2—托盘;3—推力瓦;4—推力头;5—螺栓;6—绝缘垫;7—镜板;8—推力轴承座。

图 4　推力轴承结构图

（1）测量卡环间隙:用塞尺检查卡环上平面与转子轴卡槽之间的间隙及卡环下平面与推力头上平面之间的间隙并记录。

（2）顶起转动部件:用顶车装置顶起转动部件,顶起高度为推力瓦全部脱开镜板为止(约5 mm 左右);同时,在顶车装置旁增加 4 个螺旋千斤顶,支撑转动部件,防止顶车装置失灵。

（3）拆除卡环、抽出绝缘垫。

（4）安装专用工具,拆卸推力头:

① 吊带应处于受力状态,防止推力头下滑,直至推力头被顶出与转子轴的配合面,其间,及时清理油迹;

② 如遇推力头与转子轴配合太紧,可用以下方法辅助拆卸。

（a）锤击法:用大锤敲击专用工具,利用振动松动推力头与转子轴之间的配合。

（b）加热法:将千斤顶预加力后,采用加热器均匀加热推力头 5～10 min(温度控制在70 ℃以内),有"砰砰砰"的声音出现,意味着推力头已经处于上升过程,即可持续加压千斤顶;若出现转子轴温度明显升高,需停止加热,待推力头完全冷却后重新加热拆除。

（5）吊出推力头及保护措施:拆除推力头专用工具,推力头吊至指定位置,在木方上垫双层吸油布并放置推力头下方,盖上彩条布,做好保护措施,悬挂警示牌。

工序 13:冷却器、上机架吊出

（1）冷却器拆除:

① 冷却器压板用记号笔做好标记;

② 拆除冷却器压板,放至指定位置;

③ 拆除冷却器进出法兰面螺栓、哈夫面螺栓、底部固定螺栓;

④ 安装冷却器吊环,副钩悬挂 3 m 吊带,连接吊环,分半吊至指定位置,注意及时清理油迹。

（2）吊出上机架(如图 5 所示):

① 拆除电机上机架与定子连接螺栓,起吊时,通过调整钢丝绳使其水平;

② 吊出上机架,放至指定位置,下方垫木方;

③ 拆除检查测温线,并记录,损坏的需提前定制购买;

④ 定子坑洞旁悬挂安全警示牌,增加专用爬梯,禁止踩踏定转子线圈。

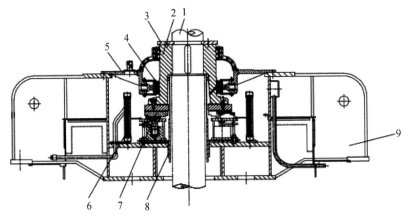

1—电动机轴;2—推力头;3—卡环;4—上导轴瓦;5—油槽盖;
6—冷却器;7—推力轴瓦;8—挡油桶;9—上机架。

图 5　上机架结构图

工序 14:叶轮外壳压环、止水橡皮、进水锥管拆卸

(1) 拆除叶轮外壳压环:在压环上平面用油漆笔做好标记;拆除压环螺栓;压环为哈夫型,需分开起吊,在一半压环上安装 4 个吊环,吊出后放至指定位置。

(2) 拆除止水橡皮:用穿心一字起翘起止水橡皮,拆除并检查磨损情况,做好记录。

(3) 拆除进水锥管:

① 进水锥管与伸缩节处做好标记,拆除连接进水锥管的所有螺栓及定位销;

② 安装吊环,将一半进水锥管拉至两侧;

③ 抬高进水锥管,在下方放 4 个重物位移器,移至指定位置;

④ 另一半进水锥管按同样方法取出。

(4) 拆除伸缩节:

① 在伸缩节与叶轮外壳连接处做好标记;

② 拆卸伸缩节与叶轮外壳连接螺栓;

③ 将伸缩节放置在进水底座法兰上平面。

(5) 铺设脚踏板:

① 在进水法兰面上方铺满长跳板,并用铁丝固定跳板,防止移动;

② 围上围栏,悬挂警示牌。

工序 15:测量叶片间隙、放置叶轮外壳

(1) 测量叶片间隙:

① 用 50 cm 塞尺在四个正方向上(上、下、南、北)测量叶片间隙,并记录(注:需测量叶片进水侧、中间、出水侧三个部分的间隙);

② 记录下所有的数据,以便回装机组时进行对比。

(2) 放置叶轮外壳:

① 叶轮外壳与导叶体下平面连接处做好标记,拆除连接螺栓,正方向 4 颗螺栓不拆;

② 安装叶轮外壳专用吊环并连接手拉葫芦,钢丝绳始终处于受力状态,拆下之前预留的 4 颗螺栓,待水平下降叶轮外壳后,放置在铺设的长跳板上。

工序 16:拆卸联轴器

(1) 抽大轴内部油:用专用抽油泵(可伸入 6 m)抽取大轴内部机油,保证联轴器部位以上无油。

(2) 拆除联轴器螺栓:

① 泵轴上法兰下正方向架好 4 个 20 t 螺旋千斤顶,拆除正方向螺栓;

② 拆除剩余中 2 颗对应螺栓,用专用吊装螺栓连接两个法兰面,用螺帽固定;

③ 拆除剩余螺栓后,放至指定位置。

(3) 放置叶轮头:

① 手动下降千斤顶,大轴下降时,专用吊装螺栓保留足够行程;

② 调整叶轮头水平中心,将其搁置于叶轮外壳上;

③ 保证两个法兰面间隙足够拆卸上操作油管下端压板;

④ 检查联轴器法兰面密封圈有无损坏情况,做好记录。

工序 17:叶轮泵轴液压内外腔排油

(1) 用专用放油工具连接油管,另一端放入空油桶;

(2) 用吸油布包裹专用放油工具,插入外腔;

(3) 打开外腔闷头,放油,及时清理溢出的油迹。

工序 18:吊出上操作油管、转子(如图 6 所示)

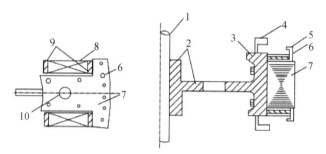

1—主轴;2—转子支架;3—磁轭;4—风叶;5—阻尼环;6—阻尼条;
7—铁芯;8—磁极线圈;9—磁极衬垫;10—双头螺栓。

图 6　转子结构图

(1) 吊出上操作油管:

① 拆除上、下操作油管法兰压板螺栓,取出压板,收好圆柱销;

② 缓慢起吊上操作油管,起吊过程注意清理油迹;

③ 吊出上操作油管,翻身卧放,放至指定位置,检查上操作油管下口密封垫损坏情况,做好记录。

(2) 吊出转子:

① 主钩悬挂转子专用钢丝绳,连接吊转子的专用工具,安装转子起吊专用工具。

② 起吊前,行车对中,调整转子水平;点动,缓慢起吊,及时调整转子中心,防止碰撞定子铁芯。

③ 转子完全吊出后,转移转子至转子架。

④ 测出转子磁极长度,测量定子铁芯长度,做好记录。

工序 19:吊出下操作油管、大轴

(1)拆除大轴固定螺栓:

① 大轴上法兰面安装大轴专用起重工具,行车主钩悬挂钢丝绳与起重工具连接,调整钢丝绳,使其始终处于受力状态;

② 敲平大轴连接螺栓止动垫圈,拆除大轴与叶轮头固定螺栓及止动垫圈。

(2)拆除下操作油管准备工作:

① 起吊大轴,用大锤敲击大轴法兰面外壁,振松结合面;

② 起吊时,取下 4 个 20 t 千斤顶,以防砸落;

③ 保证大轴与叶轮头间隙可以正常拆除下操作油管法兰压板;

④ 待间隙合适,回装千斤顶,稳固大轴。

(3)吊出下操作油管:

① 拆除大轴专用起重工具,安装下操作油管吊环,并连接手拉葫芦,挂副钩;

② 手动上升下操作油管,直至完全脱离与叶轮头结合面并及时清理油迹;

③ 缓慢吊出下操作油管,放至指定位置,下方垫木方,吸油布包裹油管两端,防止脏物进去。

(4)吊出大轴及大轴翻身:

① 拆除手拉葫芦,安装大轴专用起重工具,连接大轴;

② 起吊大轴,拆除所有千斤顶;

③ 匀速上升,直至完全离开定子上平面;

④ 缓慢下降主钩,待大轴下法兰面与地面间距 20 cm,下方放置两块木板并垫上 4 根木方,大轴法兰面接触木方后,控制行车往空旷一侧移动,同时下降主钩,直至大轴即将平行于地面时,下方垫大轴专用木方;

⑤ 拆除大轴专用起吊工具,悬挂专用吊带,水平起吊大轴,放至指定位置;

⑥ 用外径千分尺测量大轴两端轴颈外径,并做好记录。

工序 20:吊出电机定子、下机架

(1)吊出定子(如图 7 所示):

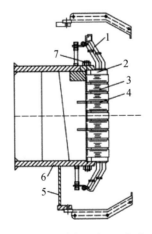

1—线圈;2—齿压板;3—铁芯;4—工字钢垫条;5—机座;6—托板;7—拉紧螺杆。

图 7　定子结构图

① 拆除定子与下机架连接螺栓和定位销;

② 吊出定子,下方垫木方,放至检修间承重部位。

(2)吊出下机架(如图 8 所示):

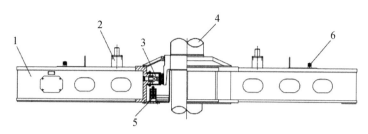

1—下机架;2—顶车装置;3—下导瓦;4—电动机轴;5—冷却器;6—加热器。

图 8　下机架结构图

① 拆除下机架固定螺栓和定位销;

② 吊出下机架,下方垫木方,放置检修间承重部位。

工序 21:吊出顶盖及弯管

(1)吊出顶盖:

① 拆除顶盖一圈固定螺栓和定位销;

② 安装 4 个吊环,连接钢丝绳,吊出顶盖后,放至检修间承重部位,下方垫木方。

(2)吊出弯管:

① 拆除弯管与导叶体置顶螺栓;

② 主勾悬挂 5 t 手拉葫芦,卸扣连接弯管专用吊孔,吊出弯管后,需靠墙放至承重部位,并用 4 根加力钢管或支撑脚手架做好支撑保险,下方垫木方。

工序 22:吊出、清理导叶体

(1)吊出导叶体:

① 拆除导叶体一圈螺栓和定位销;

② 起吊导叶体,调整钢丝绳使其水平,缓慢点动,观察导叶体上升过程中有无碰撞物;

③ 吊出导叶体,放至检修间承重部位,下方垫木方。

(2)清理导叶体:拆除双头螺柱并打磨;清理打磨导叶体预埋法兰面和混凝土面;悬挂钢丝绳,起吊导叶体,清理导叶体下平面。

6.3.2　部件维修

工序 23:转子、定子清理出新

(1)检修前测量定子绝缘电阻和吸收比、绕组直流电阻、直流泄漏电流;测量转子励磁绕组直流电阻及其对铁芯的绝缘电阻。必要时进行直流耐压试验。

(2)定子绕组端部的检修:检查绕组端部的垫块有无松动,如有松动应紧固垫块;检查支持环固定是否牢固、线圈接头处绝缘是否完好、极间连接线绝缘是否良好。如有缺陷,应重新包扎并涂绝缘漆或拧紧压板螺母,重新焊接线棒接头。线圈损坏现场不能处理的应返厂处理。

(3)定子绕组槽部的检修:检查线圈的出槽口有无损坏,槽口垫块有无松动,槽楔和线槽是否松动,如有凸起、磨损、松动,重新加垫条打紧;用小锤轻敲槽楔,松动的则更换槽楔;检查绕组中的测温元件,如有损坏,应新增测温元件。

（4）定子铁芯和机座的检修：检查定子铁芯齿部、轭部的固定铁芯是否松动，铁芯和漆膜颜色有无变化，铁芯穿心夹紧螺杆与铁芯的绝缘电阻应在 $10\sim20$ MΩ 以上。如固定铁芯产生红色粉末锈斑，说明已有松动，须清除锈斑，清扫干净，重新涂绝缘漆。检查机座各部分有无裂缝、开焊、变形，螺栓有无松动，各接合面是否接合完好，如有缺陷应修复或更换。

（5）检查转子励磁绕组、槽楔、各处定位、紧固螺钉有无松动，锁定装置是否牢靠，通风孔是否完好，如有松动则应紧固。

（6）检查阻尼环及套管有无松动、裂纹等，如有则应加固和修复。

（7）检查风扇，用小锤轻敲叶片观察是否松动、有无裂缝，如有应查明原因后紧固或焊接。

（8）检查滑环对轴的绝缘及转子引出线的绝缘材料有无损坏，如引出线绝缘损坏，则对绝缘重新进行包扎处理；检查引出线的槽楔有无松动，如松动应紧固引出线槽楔。

（9）清理：用压缩空气吹扫灰尘，铲除锈斑，用具有高压绝缘性能的专用清洗剂清除油垢。

（10）清理后进行干燥，若还有灰尘应继续清理直至符合标准，干燥后待恢复常温，测量绝缘是否符合要求。

工序 24：导向瓦、推力瓦研刮

（1）导向瓦研刮（如图 9 和图 10 所示）：

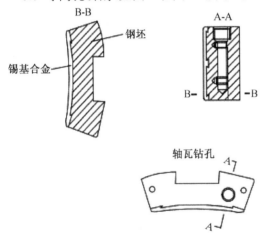

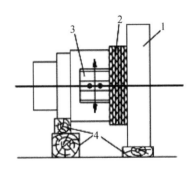

1—推力头；2—软质绳箍；3—导轴瓦；4—枕木。

图 9　导轴瓦　　　　　　　　图 10　导轴瓦研磨示意图

① 研刮之前，将导轴瓦放在推力头轴颈上来回推磨十余次，检查瓦面与推力头轴颈面接触情况；

② 用刮刀（刮刀刀花花纹形式如图 11 所示）轻轻地将导轴瓦表面的小黑点（轴瓦高出的部分）刮去；

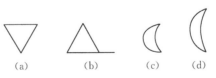

a—三角形；b—旗形；c—燕尾形；d—月牙形。

图 11　刀花花纹形式

③ 重复上述步骤,直至轴瓦表面所显示的小黑点均匀密布为止;

④ 研刮接触面应大于75%,接触点不应小于1~3个/cm³。

(2) 推力瓦研刮(如图12所示):

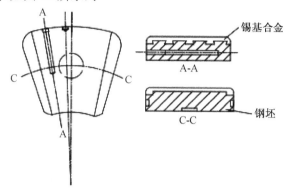

锡基合金

A-A

钢坯

C-C

图12　推力瓦

① 研刮推力瓦前,将瓦面面对镜板,用人力来回推磨十余次,观察接触面情况;

② 与导向瓦操作相同,反复上述步骤,直至研刮接触面应大于75%,接触点不应小于1~3个/cm³;

③ 研刮推磨时注意保护瓦面;

④ 若推力瓦为塑料瓦,则无须研刮。

工序25:拆除、清理活塞(如图13所示)

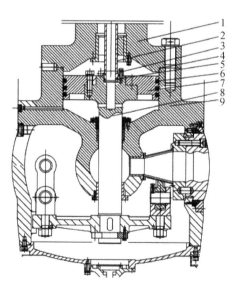

1—泵轴;2—下操作油管;3—压力油管压盖;4—圆形橡胶密封圈;5—油管密封圈;
6—"U"型橡胶圈或金属密封环;7—活塞;8—活塞杆;9—叶轮轮毂。

图13　接力器活塞密封的结构

(1) 拆除活塞:

① 测量叶轮头上法兰面至活塞上平面距离,做好记录;

② 使用专用丝杆连接活塞,安装好拔活塞专用工具,中间正方向架设 4 个 16 t 螺旋千斤顶,顶出活塞,保证水平上升;

③ 活塞完全脱离叶轮头后,撤出专用工具,安装活塞吊环,连接吊带;

④ 吊至指定位置,下方铺设木板、彩条布。

(2) 清理活塞:

① 撬开活塞密封,清洗活塞;回装密封时,更换中间两道。

② 回装完毕,活塞整体刷汽轮机油,并盖上彩条布,放至指定位置。

③ 清理活塞腔体:用吸油布擦净腔体内部油垢,并用面粉团将腔体内壁粘干净,盖上彩条布。

工序 26:上油缸清理、渗漏试验

(1) 清理上油缸:

① 清理上油缸油渍、油垢,推力瓦下部止动垫圈;

② 搬出推力瓦,并做好方位标记,上油缸用吸油布擦干净后,用面粉团将内部铁屑、脏物粘除。

(2) 上油缸渗漏试验:

① 上油缸内部倒入煤油,至淹没上油缸下平面。

② 4 h 后吊起上油缸,观察有无渗漏现象。

③ 若发现油缸局部有渗油现象,密封体应紧固或更换密封件;如焊接位置渗油,需放油后重新补焊、试验,并做好安全措施。

工序 27:上、下油缸冷却器清理、试压

(1) 清理上下油缸冷却器:

① 安装冷却器吊环并起吊,检查冷却器外观有无铜绿、锈蚀斑点损伤,做好记录;

② 用空压机吹净冷却器外壁油渍,并用细铁丝将油垢掏出。

(2) 上下油缸冷却器试压:冷却器注水至法兰面,由试压泵进行水压试验,如法兰面渗漏水,应加固螺栓,管中有砂孔、裂缝应更换铜管或用银、铜焊补。

工序 28:压环、进水锥管、螺栓清理防腐

(1) 清理压环:

① 电动角磨机打磨压环各接触面法兰面铁锈、密封胶;

② 压环表面刷防锈漆。

(2) 清理进水锥管:电动角磨机打磨进水锥管各接触面;哈夫面制作石棉垫,表面刷防锈漆。

(3) 清理螺栓:电动角磨机打磨水泵层螺栓,检查螺纹有无损坏,及时更新,打磨后,螺栓涂黄油防锈。

工序 29:其余各部件清理防腐

(1) 清理打磨水箱盖、导水帽、导叶体、填料函、顶盖各接触面,刷防锈漆;检查导叶体上所有螺纹孔的螺牙,用丝攻处理所有螺孔。

(2) 清理弯管:用开刀铲除弯管表面铁锈,并涂刷防锈漆。

(3) 清理水导轴承:

① 电动磨光机清理水导轴承各接触面后,组装水导轴承。

② 测量轴承上部、下部十字方向内径,做好记录。

③ 检查瓦面有无裂纹、起泡及脱壳等缺陷,如瓦面有缺陷,则更换;如轴瓦间隙过大,固定瓦更换,可调瓦调整内径。

(4) 叶轮外壳检查:

① 检查叶片与叶轮室气蚀情况:用软尺测量气蚀破坏相对位置;用稍厚白纸拓图测量气蚀破坏面积;用探针或深度尺等测量气蚀破坏深度;检查叶片有无磨损情况。

② 若汽蚀,则处理方法如下:先喷砂除锈,使用环氧树脂对其进行修补,以丙酮为稀释剂、乙二胺为固化剂、邻苯二甲酸二丁酯为增塑剂,分为底层、中层、面层三层,分别加入不同的改性剂,其中底层加入氧化铝,中层加入氧化铝与金刚砂,面层加入二硫化钼。

工序 30:大轴、操作油管清理检查

(1) 清理大轴:

① 用电动磨光机打磨大轴两端法兰面、轴颈。

② 用锉刀搓平大轴法兰面刮痕、毛刺。

③ 检查大轴填料函轴颈处是否磨损严重,如若磨损严重,采用喷镀方式进行轴颈磨损修复。

④ 检查水导轴颈表面有无轻微伤痕、锈斑等缺陷,如有应用细油石蘸透平油轻磨,消除伤痕、锈斑后,再用透平油与研磨膏混合研磨抛光轴颈。表面有严重锈蚀或单边磨损超过 0.10 mm 时,应加工抛光;单边磨损超过 0.20 mm 或原镶套已松动、轴颈表面剥落时,应采用不锈钢材料喷镀修复或更换不锈钢套。

⑤ 大轴轴体部位若有锈迹或油漆碰损,先用开刀将铁锈铲除,打磨后,在表面涂刷防锈漆。

⑥ 准备一根约大轴两倍长的铁丝,中部绑扎吸油布(蘸清洗剂),伸入大轴孔洞中;来回反复拉扯铁丝,擦拭大轴内壁,直至干净。

(2) 清理操作油管:

① 检查操作油管外表面有无刮痕,用锉刀修复;

② 清洗操作油管表面;

③ 灌流法清理操作油管内腔,托盘放至两侧下方反复倒入清洗剂,直至内腔干净。

6.3.3 机组安装

工序 31:导叶体、弯管吊装

(1) 吊装导叶体:

① 通过计算导叶体水平(如图 14 所示),将准备好的铜垫垫入预埋法兰面上方;

② 起吊导叶体,缓慢点动,使螺栓进入导叶体孔洞;

③ 导叶体吊装到位后,旋紧 4 个正方向螺帽,测量导叶体水平;

④ 根据测量数据,增减铜垫,调整水平,结合面需打玻璃胶,安装四边定位销及螺栓(螺栓孔处需打上玻璃胶);

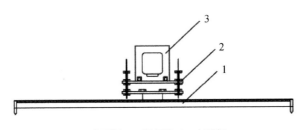

1—水平梁;2—调整器;3—水平仪。

图 14　导叶体水平测量示意图

⑤ 清理密封圈孔槽,安装密封圈;

⑥ 起吊水导轴承、水箱盖板、导水帽至导叶体脚踏板上。

(2) 吊装弯管:

① 再次清理所有螺栓孔;

② 主钩悬挂专用钢丝绳,连接弯管吊孔,主钩悬挂手拉葫芦,连接弯管偏重侧;

③ 起吊弯管,调节弯管水平,调整弯管方向;

④ 弯管吊入机坑上方,对中,缓慢点动,下至导叶体上方 5 cm 处,观察导叶体与弯管标记,转动弯管对准标记线,安装置顶螺栓。

工序 32:顶盖、下机架、定子吊装

(1) 顶盖安装:

① 清理弯管上法兰面,安装密封圈;

② 安装顶盖吊环,主钩悬挂专用钢丝绳,连接顶盖;

③ 起吊顶盖,调节水平,吊至机坑上方,对中,缓慢点动,下至与弯管结合面 5 cm 处,调整中心,安装定位销、螺栓;

④ 将顶盖吊至上底座上方 5 cm 处,打一圈玻璃胶;

⑤ 观察顶盖标记,调整方向后,安装定位销,缓慢点动,直至与预理法兰面结合,安装螺栓,并紧固。

(2) 下机架安装:

① 顶盖连接填料函处,搭设工字钢;

② 安装下油缸冷却器吊环,起吊冷却器放至工字钢上,下降过程中,观察冷却器有无碰撞;

③ 安装下机架吊环,主钩悬挂钢丝绳,连接下机架;

④ 起吊下机架,清理打磨下机架下平面,起吊至基坑,对中,缓慢点动下降,直至与基础环上平面结合,安装定位销、固定螺栓。

(3) 定子安装:

① 安装定子吊环,主钩悬挂专用钢丝绳,连接定子;

② 起吊定子至机坑,对中,缓慢点动下降,观察定子周围有无碰撞;

③ 直至与下机架上平面结合,安装定位销、固定螺栓(手拧即可)。

工序33：机组同心测量、调整

以泵下水导轴窝为基准,测量调整电机定子、下机架、泵顶盖的垂直同轴度(如图15所示),使其垂直同轴度符合规范要求。

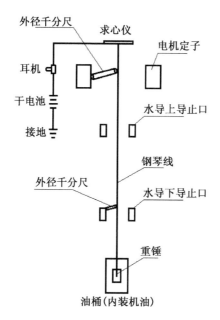

图15　垂直同轴度测量方法示意图

工序34：活塞回装

(1) 活塞一圈擦润滑脂,将活塞吊至叶轮头上方,对准键销,水平放至活塞腔体上方;

(2) 压缩活塞至腔体,压缩过程中,保证活塞水平下降至原来位置。

工序35：水泵轴、下操作油管吊装(如图16所示)

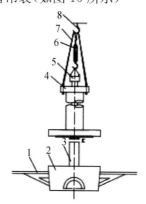

1—检修平台;2—叶轮;3—活塞杆;4—主轴;5—下操作油管;
6—手拉葫芦;7—钢丝绳;8—行车吊钩。

图16　主轴及操作油管安装

(1) 回装水泵轴:

① 将水泵轴运至安装区并翻身至完全与地面垂直;

② 水泵轴吊至叶轮头上方过程中保证无碰撞,且下法兰面与叶轮头之间的距离保证可以安装下操作油管压板;

③ 待钢丝绳完全卸力后,水泵轴下平面与叶轮头间架设 4 个 16 t 螺旋千斤顶保持。

(2) 回装下操作油管:

① 起吊下操作油管,下操作油管吊至与叶轮头相距 10 cm 处,下结合面用润滑脂抹匀;

② 下操作油管与叶轮头完全结合后,安装压板,拆除吊环、钢丝绳;

③ 安装试压专用工具,试压泵注油加压至 5 MPa,关闭试压泵,打压过程中观察试压泵油液位,30 min 压力保持则无渗漏。

(3) 安装水泵轴:

① 安装水泵轴下法兰面密封圈,取下与叶轮头间的千斤顶,同时下降上法兰处千斤顶,并保证水泵轴与叶轮头上平面同心;

② 水泵轴完全与叶轮头结合后,安装叶轮连接螺栓;

③ 安装试压专用工具,试压泵,注油加压至 5 MPa,关闭试压泵,打压过程中观察试压泵油液位,30 min 压力保持则无渗漏。

工序 36:电机转子吊装

(1) 主钩悬挂转子专用钢丝绳,连接吊转子专用工具,套入转子轴,主钩悬挂 2 t 手拉葫芦,连接转子一侧;

(2) 起吊前,行车对中,手拉葫芦调整转子水平,进入定子时,缓慢点动,为避免转子与定子相碰,应将事前准备的 8～12 块青壳纸条均匀分布在定转子间隙内,并上、下抽动保证无卡碰现象;

(3) 当挡油桶与下油缸底盖板相距 10 cm 时,停止点动,用抹布将结合面擦干净,打耐油密封胶,继续下降至完全结合后,安装螺栓并旋紧;

(4) 始终观察转子下法兰面与大轴上法兰面距离,直至转子完全落到顶车千斤顶上,拆除起吊卡环、专用工具、手拉葫芦。

工序 37:安装推力瓦测温传感器,上机架、冷却器回装

(1) 安装推力瓦测温传感器:

按测温线标记回装 8 块推力瓦测温传感器,整理测温线并绑扎固定。

(2) 上机架回装:

① 副钩悬挂专用钢丝绳,连接上机架;

② 起吊上机架,对中,调整水平,缓慢点动,进入转子轴,下降至定子上平面约 2 cm 处,安装定位销,并在上机架专用孔洞塞入测温线;

③ 待完全与定子上平面结合,安装固定螺栓。

(3) 冷却器回装:

① 安装冷却器吊环,起吊至上油缸内部,观察有无碰撞;

② 待两个分半冷却器吊至上油缸内部,安装底部固定螺栓、进出水口螺栓分半连接螺栓,进行严密性试验。

工序 38:推力头压装

(1) 加热推力头:

① 清理推力头内外壁;

② 加热器套入推力头中部,盖上专用保温箱,至温度达 70 ℃,用内径千分尺测量推力头内径,膨胀量增大 0.15 mm 后即可安装。

(2) 安装镜板:

安装 4 个吊环,吊装镜板,每块推力瓦加工面放至两张白纸,直至完全与推力瓦结合,拆除吊环、吊带。

(3) 吊装推力头:

① 安装推力头吊环并起吊;

② 对准键销孔,套入转子轴,至推力头完全与镜板结合,安装卡环;

③ 落下顶车装置,测量卡环与转子卡槽间隙,0.03 mm 以内为合格。

工序 39:转子轴水平、中心、摆度调整

(1) 转子轴水平调整(粗调):

① 顶起顶车装置至推力瓦全部脱开镜板,钢直尺涂抹润滑脂,分别塞入 8 块推力瓦上平面;

② 落下顶车装置,盘车一圈,水平仪调 0,盘车,记录数据,直至 8 个点结束;

③ 转子轴水平后,检查每一块推力瓦是否受力,如不受力,需重新调整。

(2) 转子轴中心调整(粗调):调节上导向瓦抗重螺栓,使 4 个正方向推力头至上油缸内壁距离相等,测量 8 个方向空气间隙,不均匀的重新调整。

(3) 电机摆度调整:

① 盘车测量电机上导、下导处圆周上 8 个点的摆度值,计算出下导处的最大倾斜值及方位,分析原因;

② 一般因镜板面与主轴不垂直所造成的摆度,可用刮削镜板与推力头之间的分半式绝缘垫来解决;

③ 刮削绝缘垫时,用顶车装置将转子顶起,脱开镜板与推力头的连接螺栓,抽出分半式绝缘垫,根据垫上的编号找到最大刮削点,通过圆心向不刮的方向做一直径,在直径线上等分刮削区(一般 4~6 区为宜),然后按比例计算出每一刮削区的刮削值,最后一区可不刮。

工序 40:转子与水泵轴联接,调整摆度

(1) 转子轴与水泵轴联接:

① 用 2 根专用工作螺栓联接好 2 个对应正方向螺栓孔,旋紧螺帽;

② 顶车装置顶起转子直至到达限位,4 个正方向 32 t 螺旋千斤顶手动旋贴至法兰面下方,旋紧下口工作螺栓、螺帽;

③ 反复操作上述步骤,直至上下法兰面距离 1 cm 时,对应记号安装正 4 个方向铰制螺栓,并手动旋紧螺帽;

④ 拆除专用工作螺栓,安装全部铰制螺栓、止动垫圈,撤出螺旋千斤顶;

⑤ 专用扭力扳手调好对应扭矩,旋紧螺栓;

⑥ 检查法兰面间隙,0.03 mm 以内为合格,锁紧止动垫圈。

(2) 摆度调整:

① 安装专用盘车工具,顶起转动部件,顶起高度为推力瓦全部脱开镜板为止(约 5 mm 左右),钢直尺涂抹润滑脂,分别塞入 8 块推力瓦上平面,落下顶车装置;

② 在水导轴窝,上、下油缸正东方向架设百分表,调 0 后,盘车,记录 8 个点对应数据,

算出摆度点方向进行处理。

（3）处理方法：

① 若法兰组合面与主轴不垂直，但轴线曲折很小，而摆度很大时，可用刮削推力头与镜板间的分半式绝缘垫来统一调整摆度，方法同上。

② 若法兰组合面与主轴不垂直，使轴线产生曲折，且曲折很大，无法通过处理绝缘垫的办法来统一调整，则还需处理方法：刮削法兰面或加垫紫铜皮楔形垫，使轴线调整成一直线，最大刮削值计算按相似三角形比例计算。若刮削值为正值，说明该点应加紫铜皮楔形垫，或在它的相对点刮削水泵法兰面；若刮削值为负值，则该点应刮削水泵法兰面，或在它的相对点加铜皮楔形垫。

③ 刮削水泵轴法兰面，通常采用沟槽法进行，即将法兰面的最大刮削点与相对点划一穿过中心的连线，在线上划出等分区，然后用手提砂轮或刮刀刮磨出要求深度的沟槽，再以这些沟槽为基准，刮磨出该区的法兰面，刮磨完毕后再用研磨平板研出的高点进行精刮，直至全部磨平为止。

④ 重新盘车，检查摆度，直到摆度值合格为止。

⑤ 注意：(a)液压调节机组不可采用垫铜皮的方法，容易漏油，只可采用刮削法兰面的方法；(b)刮垫次数越多，绝缘的质量就越差，盘车时间也就越长，故宁可刮垫时间长一些，也要尽可能减少刮垫次数。

工序 41：机组水平、磁场中心调整测量

（1）磁场中心测量：

用二角规测出电机转子磁轭上平面与定子矽钢片上平面的高差，做好记录，算出平均值，注意：测量时，禁止杂物掉入转子与定子间隙中，注意脚下切勿踩踏定转子绕组线圈。

（2）机组水平调整：

① 顶起顶车装置，顶起高度为推力瓦全部脱开镜板为止（约5 mm左右）；

② 落下顶车装置，启动盘车装置、水平仪调 0、盘车，分别记录 8 个点数据；

③ 对比机组解体前测量的磁场中心数据，并参照本次测量的电机水平数据，调整推力轴瓦的高度，从而调整好电机水平；

④ 反复调整水平后，保证各推力瓦全部受力且受力均匀；

⑤ 主轴垂直度检查验收后，装上止动垫圈，锁定推力瓦抗重螺栓。

工序 42：机组中心调整、抱瓦、调整瓦间隙

（1）机组中心调整：

① 百分表架设在大轴轴颈处，指针放在水导上轴窝内壁，以正东方向为起点，盘车并记录数据，盘完 4 个点；

② 根据测量数据，用抗震螺栓将泵轴整体推至中心位置；

③ 再次盘车，观察测量数据，调整至合格。

（2）抱瓦：

① 在水导轴轴颈处再架一块百分表，与之前百分表成 90°角；

② 装好其余 4 块下导轴瓦，确保瓦面贴紧推力头；

③ 专用千斤顶顶住 2 个对应的轴瓦，当水泵轴轴颈处 2 块百分表的读数为 0，且千斤顶受力均匀即可，按照同样的方法，将 8 块瓦同时调整好；

④ 拆除上油缸导瓦,吊出临时瓦架,安装原始瓦架,按下导瓦方法,调整上导瓦。

(3) 调整瓦间隙:

① 根据瓦间隙设计值和摆度值,确定每块瓦的间隙;

② 下导瓦开始调整,用塞尺塞入瓦背与抗重螺栓之间,旋紧螺栓直至达到计算的间隙值,用小锤与敲击扳手锁紧并帽,再用塞尺检查是否与之前数值一致,重复调整,直至合格;

③ 按照相同方法将上下导瓦瓦间隙调整至合格。

工序 43:测量空气间隙,上导瓦测温、瓦托安装

(1) 测量计算空气间隙:

用塞尺测量每一个标号定转子之间的间隙,并做好记录,算出平均值,若空气间隙不合格,需重新调整机组中心。

(2) 上导瓦测温、瓦托安装:

① 回装测温元件,绑扎固定测温线,防止刮碰转动部件;

② 安装瓦托后,保证导瓦可自由活动。

工序 44:下导瓦测温,瓦托、下油缸底盖安装

(1) 下导瓦测温、瓦托安装:

① 回装测温元件,结合上位机显示情况,对应解决测温线异常情况;

② 安装瓦托后,保证导瓦可自由活动。

(2) 下油缸底盖回装:托起下油缸底盖至与下油缸间距 5 cm 处,均匀涂抹耐油密封胶,顶起下油缸底盖直至与下油缸结合,安装固定螺栓并收紧,保证间隙在 0.03 mm 以内。

工序 45:水导轴承、水箱盖板、导水帽回装

(1) 回装水导轴承:

① 将分半水导轴承用手拉葫芦吊至导叶体上法兰面上方;

② 检查水导轴承与轴窝标记,对应标记拼装水导轴承,安装定位销和螺栓;

③ 起吊水导轴承,保持水平,下降至与轴窝法兰面 1 cm 处,安装定位销,下降到位后,安装螺栓并旋紧;

④ 测量轴窝与水导轴承下法兰面间隙,0.03 mm 以内为合格;

⑤ 测量水导轴承与水泵轴 4 个正方向间隙;

⑥ 按标记安装水导轴承测振线。

(2) 回装水箱盖板:

① 将分半水箱盖板吊至导叶体上法兰面上方,检查水箱盖板与上法兰面标记,对应标记拼装水箱盖板,安装定位销和螺栓;

② 起吊水箱盖板,水箱盖板需保持水平下降,按安装水导轴承方法安装即可。

(3) 回装导水帽:

将导叶帽吊至水箱盖板上方,安装哈夫面螺栓和底部固定螺栓。

工序 46:叶轮外壳回装、测量叶片间隙

(1) 安装叶轮外壳:

① 叶轮外壳上平面重新清理打磨,安装导叶体下平面密封圈;

② 起吊叶轮外壳,使其水平上升,观察叶片是否碰撞叶轮外壳,注意调整;

③ 上升至距导叶体下平面 10 cm 处,法兰面打玻璃胶;

④ 导叶体下平面与叶轮外壳上平面结合后,正方向安装 8 颗螺栓,拆除叶轮外壳专用吊点;

⑤ 安装叶轮外壳一圈剩余螺栓,并紧固。

(2)测量叶片间隙:

① 测量叶片上、中、下部间隙并记数据;

② 盘车 90°,重新测量,直至盘车一圈,记录所有数据,计算叶片间隙是否合格。

工序 47:上下油缸加油、油缸盖回装

(1)上油缸加油:

① 连接抽油泵,进油一端伸入油桶,另一端伸入上油缸观察孔,插入油缸时注意勿损坏测温线;

② 观察上油缸液位,加至上导瓦抗重螺栓一半处即可。

(2)下油缸加油:按上油缸加油操作步骤加完油后,用吸油布堵紧出油口,防止抽出过程吸油布掉落在转子上,加至下导瓦抗重螺栓一半处即可。

(3)安装下油缸盖:

① 确定下油缸内无杂物,安装下油缸盖,注意测温线,需保护安装;

② 测量油缸盖与大轴间隙,调整均匀后安装定位销、固定螺栓,若无法调整,需用直磨机打磨油缸盖端口一圈。

(4)安装上油缸盖:同下油缸安装步骤。

工序 48:叶片调节机构外腔试压

(1)安装外腔试压专用工具,专用工具顶端安装压力表(10 MPa)。

(2)打压试压泵,注油加压;待手动阀出油时,关闭手动阀,压力至 5 MPa,关闭试压泵,打压过程中观察试压泵油液位。

(3)观察叶轮头与大轴连接处、水泵轴与转子轴连接处、试压专用工具与转子轴头连接处有无渗漏现象;30 min 后观察压力有无变化。

(4)泄压后,拆除试压专用工具,注意及时清理油迹。

(5)制作专用盖板,盖住外腔。

工序 49:集电环、挡油盘、上机罩回装

(1)集电环回装:

① 用专用加热器加热集电环,温度上升至 70 ℃起吊,调至水平;

② 吊至转子轴上方,调至中心,保证集电环上定位键槽与转子轴头上定位键在同一垂直位置;

③ 缓慢下降至与转子轴配合面,注意转子引线有无刮碰,确保集电环完全下降到位。

(2)挡油盘安装:挡油盘吊至集电环上方,缓慢下降至集电环配合面。

(3)上机罩吊装:

① 起吊上机罩,清理打磨上机罩下平面,吊至转子轴上方,调整中心;

② 旋转至标记处,平稳下降至完全与上油缸结合,安装定位销及固定螺栓;

③ 安装碳刷。

(4)线路恢复:根据标记,回装测速线、励磁线、机罩内温度传感线、转子引线。

工序 50:密封套安装,受油器底座水平、中心调整

（1）密封套安装：密封套与电机轴连接法兰面上装好密封圈，将密封套固定于电机轴顶，拧紧连接螺栓后测量密封套垂直度，如超差可磨削密封套底部进行处理。

（2）受油器水平调整：

① 起吊打磨受油器底座，根据标记安装绝缘垫；

② 吊装受油器底座，对中，缓慢点动下降至上机罩与受油器底座法兰面结合，安装一圈螺帽并紧固；

③ 测量、记录四边水平，并计算，根据计算数值，制作所需铜垫并安装；

④ 紧固一圈螺帽，重新测量水平；

⑤ 反复上述操作，直至受油器水平，水平度要求 0.04 mm/m。

（3）受油器同轴度调整：

① 测量、记录受油器至轴套正方向四边距离，并计算；

② 相邻两个正方向架设百分表，松开螺帽，根据计算数值，用大锤、木方敲击、平移受油器底座；

③ 观察百分表，确定平移后，紧固一圈螺帽，重新测量中心；

④ 反复上述操作，直至合格，同轴度要求 4 个方向各半径之差小于 0.04 mm；

⑤ 受油器底座水平度和同轴度调整好后测量底座对地绝缘，要求不小于 0.5 MΩ。

工序 51：受油器回装

（1）受油器安装：

① 在密封套轴肩上安装挡油罩，密封垫采用 1 mm 厚中密度石棉橡胶板，适当涂抹耐油密封胶水，确保连接面不渗漏；

② 上下浮动瓦安装完毕，确保机组顶车的安全；

③ 在上下浮动瓦、密封套、上操作油管表面涂抹少许润滑油，水平吊装受油器油箱，下落过程中防止上浮动瓦被顶出；

④ 复测油箱上平面至内底平面高度与吊装前一致，防止上浮动瓦限位螺钉未进入孔内导致上浮动瓦被压紧；

⑤ 油箱内放入限位圈和推力轴承盒，操作油管顶部按顺序装好推力组合轴承；

⑥ 预装轴承盒盖，测量盖与轴承盒间隙，配相应厚度的垫片，要求轴向间隙在 0.3～0.6 mm；

⑦ 测量并记录轴承盒底部至油箱底部距离和轴承盒盖固定螺栓至受油器上盖内顶部距离，用于复核接力器活塞行程的安全距离；

⑧ 确保推力轴承转动灵活，无异常卡滞和响声；

⑨ 油箱上盖装好侧面密封圈后压入油箱，固定螺栓手拧即可，装入反馈杆组合密封并保证其开口向下，均匀拧紧压盖螺栓，调试时根据泄漏量调整紧度；

⑩ 安装连杆机构、刻度指针和刻度盘，拧紧油箱上盖固定螺栓，保证叶片角度在中间位置时，连杆处于水平位置，配压阀处于关闭状态；

⑪ 装上受油器罩壳、手轮和排气阀，恢复供回油管路，管路连接时注意做好管路与受油器体的绝缘；

⑫ 根据标记安装受油器的电源电缆、控制电缆和自动化元件。

（2）受油器调试：

① 液压站建立工作压力,全开回油阀门,缓慢打开供油阀门,专人查看供油管路及受油器体是否有渗漏油;

② 打开受油器排气阀,转动手轮,调整幅度在±2°以内,待排尽受油器本体内的气体后关闭排气阀,再次查看受油器体各部位、密封套与电机轴连接部位是否有渗漏油,调整反馈杆组合密封压盖螺栓紧度,直至没有油渗出;

③ 调整节流阀,控制接力器行走速度符合水泵制造厂家要求;

④ 调整叶片角度与机械指示、仪表盘显示一致,在叶片角度处于中间位置时,连杆应处于水平状态,将叶轮叶片最大最小角度往返调整 10 次以上,电气限位应反应灵敏、动作可靠。

工序 52:伸缩节、进水锥管、压板安装

(1) 伸缩节安装:

水平上升伸缩节至一定高度,清理打磨外壁,上平面安装密封圈,继续上升至与叶轮外壳相距 10 cm 处,上法兰面涂抹密封胶,上升至与叶轮外壳下平面完全结合,安装螺栓。

(2) 进水锥管安装:

① 安装进水法兰面密封圈,拉升进水锥管到一定位置,打磨下平面;

② 进水法兰面两侧铺设铁皮,保护密封圈,分别将两个分半进水锥管拉至结合,哈夫面安装石棉垫,打玻璃胶;

③ 安装哈夫面定位销、螺栓,调整进水锥管方向,安装法兰面定位销、螺栓;

(3) 压板安装:

① 进水锥管与进水接管间隙处,安装 6 mm 密封圈和 20 mm 密封圈;

② 安装压板双头螺栓,根据标记安装压板;

③ 安装一圈螺帽,对应紧固螺帽,测量压板与进水锥管间隙,一圈均匀即可(不可完全压死,以便调节螺帽,观察充水后是否渗水)。

工序 53:进人孔盖封闭、油水管路恢复

(1) 关闭进人孔:

① 拆除进人孔内脚踏板,安装弯管进人门;

② 清理打磨进人孔法兰面,安装密封圈,法兰面打一圈玻璃胶,关闭进人孔,安装进人孔螺栓。

(2) 油水管路恢复:

① 先依次安装固定联轴层的进油、回油、溢油管道,主机层的进油、回油、溢油管道,确保管道牢固。

② 连接冷却水管道,确保管道内无堵塞,螺牙处包裹生料带;安装完毕后打开进水阀,观察有无渗漏。

工序 54:填料函、安全罩回装

(1) 填料函回装:

① 顶盖支座打一圈玻璃胶,按标记将分半填料函吊至顶盖支座;

② 填料函分半面安装石棉垫,打玻璃胶后,安装哈夫面定位销、螺栓;

③ 安装填料函下平面、定位销、螺栓,测量 4 个正方向填料函与水泵轴的间隙,并调整至合格。

（2）安装盘根：

① 装入第一根填料，接头处先敲打进填料盒，再依次将一圈敲入；

② 相同方法装入第二根填料，接口处与第一根错开；

③ 安装分半填料环后，继续安装两根盘根，注意错开接口。

（3）填料压环安装：

① 两个分半填料压环放至盘根上方，安装哈夫面螺栓、底部固定螺栓；

② 旋上螺帽，用螺帽将填料压盖一圈平均压下，要保证螺帽旋紧力度一致；

③ 螺帽不需拧紧，开机后可适当调节。

（4）安全罩安装：两个分半安全罩需人工抬至顶盖支座处，连接哈夫面、顶部固定螺栓。

工序 55： 进水流道、泵室充水，检修闸门吊出

（1）进水流道、泵室充水：

① 关闭长柄阀，打开平水阀，使流道中水位逐渐上升，直到流道与下游水位持平。

② 充水时，派专人仔细检查各密封面和结合面，应无渗漏水现象。观察 24 h，确认无渗漏水现象后，方能提起下游进水闸门。

③ 如发现漏水，可紧固螺帽；若止不住，立即在漏水处做好记号，关闭流道充水阀，启动检修排水泵，待流道排空，对漏水处进行处理完毕后，再次进行充水试验，直到完全消除漏水现象。

（2）检修闸门吊出：起吊闸门，放至指定位置。

工序 56： 电机挡尘网、踏脚板回装，现场整理

（1）电机挡尘网、脚踏板安装：

① 按标记安装电机挡尘网，并拧紧螺钉。

② 在回装的过程中，切勿将杂物或工具掉入电机内。

③ 检查脚踏板下面有无遗漏工具、杂物，将所有电机黑色踏脚板按固定位置放好。

（2）现场整理：

① 各层工具柜整理；

② 现场备品件及废旧物回收；

③ 各层地面及设备保洁；

④ 按规定的涂色进行油漆防护，涂漆应均匀、无起泡、无皱纹现象。

6.4 卧式机组

本节以蔺家坝泵站为例，其主机泵为 2850ZGQ25-2.4 灯泡式贯流泵，配套 TKS-1250/630 同步电动机，电机与水泵间采用行星齿轮箱的传动方式，叶片角度为机械全调节。其结构复杂，具有一定的代表性，其他结构卧式机组可参照执行。

6.4.1 一般要求

参照 6.2 的一般要求。

卧式机组剖面图详见附录 J。

卧式机组大修工序图详见附录 K。

6.4.2 机组解体

工序 1： 排油

（1）将水泵叶片角度调整到最大角度，手动关闭油气水系统各闸阀。

（2）在水泵层地面，打开推力轴承排油管闷头及阀门，排尽箱内润滑油；打开叶调机构润滑油排油管路闷头及阀门，排尽润滑油。

（3）将所排油分别置于干净的空桶存放，并取样送油化实验，以确定是否需要过滤或更换新油品。

（4）排油后关闭排油阀门，闷头处重新裹生料带进行闷堵，并注意清理油渍。

工序 2：油气水管路拆除

（1）检查确认进出油管路无压、无油，进出水管路无水。

（2）拆除齿轮箱润滑油入口管及出口管，将拆除的每段管路的管口分别包扎好（采用塑料布、扎带、棉布等）。

（3）拆除电机冷却水进、出水管路法兰接口上螺栓，将 4 根管路就近斜靠贴至灯泡体，方便人员进出。

（4）拆除推力轴承冷却水进出水管路，按从下向上，分段拆除。将拆除的每段管路的管口分别包扎好（采用塑料布、扎带、棉布等）。

（5）拆除电机侧轴封气系统管路，并将泵体外管路用行车吊出至检修间。

（6）拆除风机管道，并用行车吊出至检修间。

工序 3：拆除主机电缆、检测装置及引出线

（1）拆开主电机主出线盒、非轴伸端护罩，拆除主电机进线电缆接头，外壳接地、励磁电缆，松脱电刷，拆除测温元件出线盒及加热器出线盒接线（工具：十字起、一字起、小型活动扳手等）。

（2）将电缆从电机电缆出口拉出，并沿出口底座靠墙有序摆放，用扎带分类捆扎。

（3）拆除电机摆度、转速、振动、测温等检测装置和引出线（工具：十字起 2 把、一字起 2 把），并做好标记，必要时候保存相关影像资料，方便回装阶段恢复接线。

（4）收集、清理、整理好现场所用工具，拆下的工件、紧固件。

工序 4：进人孔盖拆卸（拆单边一个即可）

（1）挂葫芦、钢丝绳、卸扣将进人孔盖扣好，固定在行车小钩，葫芦稍带力（1 t 葫芦 1 只，钢丝绳 1 根，卸扣 1 只）。

（2）拆紧固件，留 3～4 颗；用短撬棒将进人孔盖撬出缝后用穿心平口起子插入缝中，排气几分钟后将剩余的螺栓拆除，葫芦拉紧，将进人孔盖吊出至检修间摆放。

（3）清理泵体内部，注意保护墙壁及地面（用水管从进人孔引入，人工冲洗泵体内部泥浆、杂物等）。

（4）收集、清理、整理好现场所有工具、拆下的紧固件等。

工序 5：测量叶片间隙

（1）从进人孔进入泵体内，准备手持行灯照明，塞尺 2 把。

（2）用塞尺在四个正方向上（上、下、南、北）测量叶片间隙（注：需测量叶片进水侧、中间、出水侧三个部分的间隙），并记录（人工盘车 2 人）。

（3）记录下所有的数据，以便回装机组时进行对比或调整。

工序 6：拆卸、吊叶轮外壳（上）

（1）用长螺杆将伸缩节的四个吊装孔进行紧固，微带力。

（2）拆卸伸缩节法兰与叶轮外壳连接的一圈螺栓(工具:敲击扳手、大活动扳手、节能扳手、电动扳手、大锤)。

（3）拆卸伸导叶体(上)与叶轮外壳(上)连接的一圈螺栓(工具:敲击扳手、大活动扳手、节能扳手、电动扳手、大锤)。

（4）拆卸叶轮外壳(上)与叶轮外壳(下)哈夫面的定位销(工具:特制小锤、锤击法)与螺栓(工具:敲击扳手、大活动扳手、节能扳手、电动扳手、大锤)。

（5）用 4 只 2 t 的卸扣两根 ϕ18 钢丝绳固定在四个吊点,用行车吊出叶轮外壳(上),放置于检修间内。

（6）收集、清理、整理好现场所有工具、拆下的紧固件等。

工序 7：拆卸伸缩节

（1）拆卸伸缩节两端法兰面螺栓(工具:敲击扳手、大活动扳手、节能扳手、电动扳手、大锤)。

（2）拆除伸缩节法兰与导流锥管的一圈螺栓(工具:敲击扳手、大活动扳手、节能扳手、电动扳手、大锤),两侧各留一颗,待起吊后拆除。

（3）在吊点挂好钢丝绳,用专用工具(3N4-S4261212)吊起伸缩节,首先用螺栓将专用工具固定在叶轮外壳(下)的哈夫面上,然后用螺栓将伸缩节固定在专用工具上(工具:大活动扳手、小锤)。

（4）收集、清理、整理好现场所有工具,拆下的紧固件等。

工序 8：拆卸、吊出导叶体(上)

（1）拆除导叶体(上)与出口接管的一圈螺栓(工具:电动扳手、敲击扳手、小锤等)。

（2）拆除导叶体(上)与导叶体(下)哈夫面的定位销(工具:特制小锤,锤击法)与螺栓(工具:电动扳手、敲击扳手、小锤等)。

（3）2 根 ϕ18 钢丝绳及 2 只 5 t 手拉葫芦组合使用,用卸扣固定在 4 个吊点,通过手拉葫芦调整水平后,缓慢吊出导叶体(上),放置于检修间。

（4）收集、清理、整理好现场所有工具、拆下的紧固件等。

工序 9：检查电机侧轴封部件

（1）拆除导叶体(中)上的维修用盖上的一圈螺栓(工具:电动扳手、一字起)。

（2）检查电机侧轴封部件,采用塞尺及内径千分尺,测量轴封压盖与密封环四周间隙及轴封衬与轴封套四周间隙,并记录。

（3）用电动扳手重新将维修用盖固定于导叶体(中)。

（4）收集、清理、整理好现场所有工具等。

工序 10：拆卸、吊出导叶体(中)

（1）拆除导叶体(中)与轴封法兰连接的一圈螺栓(工具:开口扳手)。

（2）拆除导叶体(中)与出口接管(上)法兰连接的一圈螺栓(工具:敲击扳手、节能扳手、电动扳手、小锤)。

（3）拆除导叶体(中)与下壳体哈夫面的定位销(工具:特制小锤,锤击法)与螺栓(工具:敲击扳手、节能扳手、电动扳手、小锤)。

（4）挂好两根钢丝绳,吊出导叶体(中),摆放至检修间。

（5）收集、清理、整理好现场所有工具、拆下的紧固件等。

工序 11：拆卸、吊出出口接管（上）

（1）拆除出口接管（上）与出口底座连接法兰的一圈螺栓（工具：敲击扳手、节能扳手、电动扳手、小锤）。

（2）拆除出口接管（上）与下壳体哈夫面的定位销（工具：特制小锤，锤击法）与螺栓（工具：敲击扳手、节能扳手、电动扳手、小锤）。

（3）在吊点处挂好钢丝绳，吊出出口接管（上），摆放至检修间。

（4）收集、清理、整理好现场所有工具、拆下的紧固件等。

工序 12：检查叶调侧轴封部件

（1）拆除导流锥管（上）维修用盖上的一圈螺栓（工具：电动扳手、一字起）。

（2）检查叶调侧轴封，采用塞尺及内径千分尺，测量轴封压盖与密封环四周间隙及轴封衬与轴封套四周间隙。

（3）用电动扳手重新将维修用盖固定于导流锥管（上）。

（4）收集、清理、整理好现场所有工具等。

工序 13：拆卸、吊出导流锥管（上）

（1）拆除导流锥管（上）与进口底座的一圈螺栓（工具：敲击扳手、节能扳手、电动扳手、小锤）。

（2）拆除导流锥管（上）与导流锥管（下）内哈夫面及外哈夫面的定位销（工具：特制小锤，锤击法）与螺栓（工具：敲击扳手、节能扳手、电动扳手、小锤）。

（3）在吊点处挂好钢丝绳，吊出导流锥管（上），摆放至检修间。

（4）用专用工具（3N4-S4261212）拆卸固定伸缩节，吊起后，采用 22 号工具，用螺栓将伸缩节重新固定在进口底座。

（5）收集、清理、整理好现场所有工具、拆下的紧固件等。

工序 14：拆卸调节机构与主轴（短轴）的联轴器（夹壳联轴器）

（1）拆除联轴器螺栓，分离联轴器，人工托住，摆放在工具柜内。

（2）按四个方向（上下南北）测量其间隙，并记录（工具：塞尺）。

（3）架设百分表，用盘车测量其同轴度，并记录。

（4）收集、清理、整理好现场所有工具、拆下的部件等。

工序 15：拆卸主轴与齿轮箱的联轴器（齿式联轴器）

（1）拆卸齿式联轴器罩，并移除（工具：活动扳手）。

（2）拆卸齿式联轴器与主轴连接的一圈螺栓。

（3）架设百分表，用盘车测量其同轴度及间隙，并记录。

（4）收集、清理、整理好现场所有工具、拆下的部件等。

工序 16：拆卸齿轮箱与主电机的联轴器（蛇形弹簧联轴器）

（1）拆卸蛇形弹簧联轴器罩（罩子分上下两部分），并吊出。

（2）拆除两半蛇形弹簧片，摆放至指定位置。

（3）架设百分表，人工盘车测量其同轴度及间隙，并记录。

（4）收集、清理、整理好现场所有工具、拆下的部件等。

工序 17：拆卸齿轮箱

（1）拆除齿轮箱（外形结构如图 17 所示）与支座连接的地脚螺栓（工具：活动扳手）。

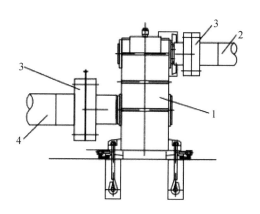

1—齿轮箱;2—电机轴;3—联轴器;4—水泵轴。

图 17   齿轮箱外形结构图

(2) 在吊点处挂好钢丝绳,吊出齿轮箱至检修间,摆放至检修间(工具:钢丝绳、卸扣)。

(3) 收集、清理、整理好现场所有工具、拆下的紧固件等。

工序 18:拆卸转子(如图 18 所示)

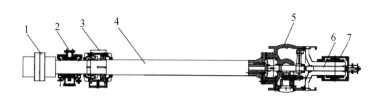

1—联轴器;2—受油器;3—组合轴承;4—泵轴(长轴);5—叶轮;6—短轴;7—导轴承。

图 18   水泵转子部件结构示意图

(1) 拆卸推力轴承与支座的连接螺栓,测量垫片厚度并记录(工具:敲击扳手、节能扳手、电动扳手、小锤)。

(2) 拆卸前后导轴承与支座的连接螺栓,测量垫片厚度并记录(工具:敲击扳手、节能扳手、电动扳手、小锤)。

(3) 拆卸前后轴封法兰面与支座的连接螺栓,测量垫片厚度并记录。

(4) 整体吊出泵轴与叶轮(吊具的规格)两处吊点的选择,一处是电机侧轴封与导轴承间(6 m 吊带,10 t),一处是叶轮轮毂(为 6 m 吊带与 10 t 手拉葫芦的组合件)。预吊起,通过手拉葫芦调整转子部件的水平(注意事项:避免碰伤叶片,可在中间垫软布)。

(5) 收集、清理、整理好现场所有工具,拆下的紧固件、垫片等。

工序 19:吊出伸缩节

(1) 拆除固定伸缩节的专用工具螺栓(工具:节能扳手)。

(2) 将伸缩节吊出至检修间,卧式放置(工具:钢丝绳、卸扣)。

工序 20:拆卸电机

(1) 拆除电机与支座固定连接的螺栓(工具:敲击扳手、节能扳手、电动扳手、大锤)。

(2) 安装专用工具(19 号)电机引导杆(工具:节能扳手等)。

（3）用行车及千斤顶，缓慢将电机从出口底座内拉出，直至完全拉出。

（4）将电机冷却器与电机整体吊出至检修间，待解体（工具：钢丝绳、卸扣）。

转子部件解体（该部分为完全解体的工序，部分工序为非必须项）

工序 21：跳动检测

（1）架百分表，测泵轴联轴器、前后导轴承、两处密封、短轴等 8 处跳动。

（2）人工转动叶片盘车测量轴系跳动，一周均分测 8 个方向，记录数据。

（3）收起支撑架、百分表及磁座。

工序 22：拆除联轴器（非必须项）

（1）制作工装，采用 50 t 液压千斤顶拉拔泵轴联轴器（连接形式如图 19 所示），用陶瓷加热器加热联轴器，约 90℃。

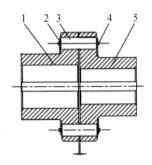

1—轴套　2—挡板　3—尼龙柱销　4—螺栓　5—轴套

图 19　联轴器连接形式

（2）工装是焊接吊点，上面用钢丝绳挂在行车上，微带力。

（3）用 50 t 液压千斤顶缓慢将联轴器拔出。

工序 23：拆除推力轴承箱（结构如图 20 所示，非必须项）

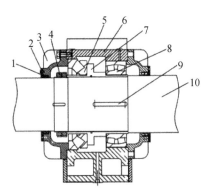

1—油封　2—压盖　3—轴承盖　4—螺母　5—球面滚子推力轴承　6—轴承体
7—轴承被套　8—球面滚子径向轴承　9—键　10—泵轴

图 20　推力/径向轴承部件结构图

（1）解体前做 24 h 渗漏实验，查找是否渗油及渗油部位。

（2）拆卸端盖上的双头螺柱，打开并移除两侧油端盖。

（3）在滚子推力轴承外圈与内圈间垫橡胶板，用螺栓将推力轴承压盖顶出，并吊出至检修地面摆放。

（4）推力轴承室向叶轮侧退，拆出内圈。

（5）拆除推力轴承室。

工序 24：拆除前后轴承（非必须项）

（1）移除导轴承两侧 VD 密封。

（2）拆除导轴承压盖上一圈双头螺柱，将压盖移除。

（3）将导轴承体向后退，拆分锁紧螺母，热拔圆柱滚子轴承。

（4）将导轴承体移除、吊出。

工序 25：拆解轴封套

（1）拆挡水环，并移除。

（2）制作工装，将两侧轴封套拆卸并吊出。

（3）架百分表，再次检测半拆状态下整根轴系的跳动，具体参见拆解前的测点和方法。

（4）采用 4 根螺栓，对角均匀顶丝，将轴封座与轴封套拆分。

（5）复测轴封座内腔尺寸及轴封套各处尺寸，并记录（工具：内径千分尺、外径千分尺、游标卡尺等）。

工序 26：主轴拆除（非必须项）

（1）用吊带将主轴两端挂在行车上，微带力。

（2）拆主轴与叶轮连接的一圈螺栓（工具：大活动扳手、电动扳手、錾子、小锤）。

（3）用行车将主轴吊至专用放置架子。

工序 27：叶轮体气密性试验

（1）短轴侧相关接合面用密封胶封堵严密。

（2）使用真空泵将叶轮体内部抽真空至 0.08，应保持压力稳定 24 h。

工序 28：拆调节机构侧短轴

（1）用吊带将短轴两端挂在行车上，微带力。

（2）拆除短轴与叶轮体连接的螺栓（工具：大活动扳手、电动扳手、錾子、小锤）。

（3）用行车将短轴吊至专用放置架子。

工序 29：调节机构清洁

（1）检查叶轮体内部调节机构有无锈蚀等。

（2）用行车将整个叶轮体进行翻身，方便保养。

（3）对叶轮体内部调节机构进行除锈、除水。

（4）涂抹黄油等进行保养。

工序 30：叶片维养

（1）编号，叶角确认。

（2）清洁叶片，抛光。

（3）补焊砂眼。

6.4.3 部件维修

工序 31：电机解体维护（含冷却器）

（1）解体将冷却器吊出分离，打开盖子。

（2）打开主电机前后端盖，测量空气间隙。

（3）在电机非轴伸端套入假轴，用行车吊住轴转子两端，通过手拉葫芦调平后抽芯，抽芯完成后将转子搁置于专用转子架。

（4）定转子清理、检查、维修。用压缩空气吹扫灰尘，铲除锈斑，用具有高压绝缘性能的专用清洗剂清除油垢；清理后进行干燥，待恢复常温后，测量绝缘应符合要求。

（5）冷却器清理保养：检查冷却器外观应无铜绿、锈蚀斑点损伤等；检查冷却器内应无泥、沙、水垢等杂物，如有，应清理管道内附着物，使其畅通；更换密封垫；检查散热片外观是否完好，不完好的，应校正或修焊变形处并进行防腐蚀处理；将冷却器清洗擦抹干净后，进行电机冷却器试压（0.5 MPa，30 min 无渗漏）；保养完毕后回装冷却器。

（6）检查轴承滚珠、保持架、内圈和外圈滑槽是否有划痕、毛刺、损伤和锈蚀等情况，如有损伤，酌情予以更换整套轴承。

工序 32：伸缩节解体维护

（1）用 4 根长螺杆，按圆周均匀布置，顶丝拆解伸缩节成两半。

（2）清理、除锈，并涂抹润滑油保养。

（3）更换 8 mm 的 O 型圈。

（4）保养完毕后，回装伸缩节。

工序 33：过水断面出新、防腐

（1）出新前将所有上半部分壳体翻身，立在检修间内，方便下面施工。

（2）整体打磨除锈，人员做好防护措施，采用新型防尘面罩。

（3）刷两遍防锈漆。

（4）水泵内壳体所有与水流接触的螺栓全部更换。

工序 34：叶轮室检查维修

（1）用电动角磨机打磨叶轮室各接触面上的铁锈、密封胶等。

（2）不锈钢带附近的气蚀需进行修补、喷砂除锈。

（3）使用铸铁修补剂进行修补填充。

（4）用环氧树脂进行二次修补。

工序 35：集水槽改造

（1）准备好 3 mm 厚钢板（1 m×1 m 尺寸）。

（2）集水槽整体加高，主轴处留 1 cm 间隙即可，根据现场实际测量尺寸加工钢板，围焊加高。

（3）用钢板将集水槽延伸至壳体内腔壁，根据现场实际尺寸加工钢板，并焊接。

（4）缝隙处采用玻璃胶进行堵漏。

6.4.4　机组安装

1. 转子部件回装（机组回装前，该部分在厂内先行组装）

工序 36：短轴回装

（1）吊起短轴尾端的吊环。

（2）与叶轮体连接，连接处的键的两个侧面用乐泰 LB 8150 胶涂抹。

（3）组合好后，将大螺栓涂抹 8150 胶，另外两个顶丝孔注满硫化硅橡胶。

（4）用扳手预拧紧，然后用标准扭力扳手拧紧螺栓。

工序 37：泵轴回装

（1）水平吊起泵轴。

（2）泵轴与叶轮体连接止口处涂抹乐泰 LB 8150 胶。

（3）组合好后，将大螺栓涂抹 8150 胶，另外两个顶丝孔注满硫化硅橡胶。

（4）用扳手预拧紧，然后用标准扭力扳手拧紧螺栓。

工序 38：推力轴承预装

（1）安装前检查。

（2）按拆解顺序预装推力轴承。

（3）用塞尺检查推力轴承箱与端盖间隙是否均匀。

（4）预装好后重新做煤油渗漏试验。

工序 39：两侧迷宫密封安装

（1）回装轴封套部件。

（2）安装后采用专用工具 9 号与 18 号固定。

（3）安装挡水环，用螺钉固定在主轴。

工序 40：两侧导轴承回装

（1）检查各零部件。

（2）热套轴套，装入轴承室、圆柱滚子轴承。

（3）装入组合垫片、安装轴承压盖。

（4）用 10 号工具固定。

（5）两端的 VD 密封涂抹猪油。

工序 41：推力轴承回装

（1）检查各零部件。

（2）先套入一侧的 VD 密封。

（3）将推力轴承室退至靠近径向轴承一侧，安装外圈。

（4）将轴承体涂润滑油后吊装。

（5）将推力轴承室移动至固定位置，装锁紧螺母（两只内六角螺钉）。

（6）用 12 号工具将推力轴承固定，套入盖板，临时放置，待正式安装后更换盖板。

工序 42：泵轴联轴器回装

（1）采用电加热器，将联轴器加热至 90℃，嵌入两侧键。

（2）泵轴处涂防咬剂，行车吊装将联轴器装配完毕。

工序 43：整体跳动检测

（1）在轴头、推力轴承两端，轴封的轴套以及短轴头等处架百分表。

（2）用手转叶片的方法来盘车，检查整体跳动是否合格（设计值 0.04）。

2. 机组安装

工序 44：吊装主电机

（1）吊装前检查，按原始数据制作垫片。

（2）电机支座的清洁、局部高点打磨。

（3）用 18 号钢丝绳，卸扣锁定至电机 4 个吊点，起吊主电机，清理主电机下表面。

（4）吊放至电机滑动轨道。

（5）用千斤顶从电机联轴器端底部的南北两侧均匀将电机滑至预定位置,临时将地脚螺栓固定在支座上,连接冷却水管路。

（6）将励磁及主电缆临时接线至主电机,联系现场管理单位运行员对主电机进行空载试验,15 min 左右。

（7）无异常后,将临时线路拆除。

工序 45:吊装伸缩节

（1）吊装前检查。

（2）用乐泰 420 胶将 8 mm O 型圈粘入槽内。

（3）吊装至机坑内,采用 22 号专用工具将其固定至进口底座。

工序 46:吊装转子部件

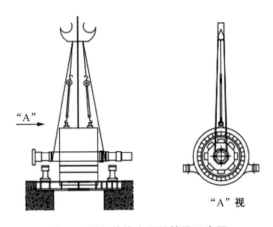

图 21　同吊整体定子及转子示意图

（1）吊装前检查,按原垫片尺寸制作（3 处）垫片。

（2）两处吊点的选择,一处是电机侧轴封与导轴承间（为 6 m 吊带与 10 t 手拉葫芦的组合件）,一处是叶轮轮毂（为 6 m 与吊带 10 t 手拉葫芦的组合件）。预吊时,通过手拉葫芦调整转子部件的水平（注意事项:为避免碰伤叶片,可在中间垫软布）。

（3）吊装前检查起吊设备,做好起吊准备工作,起吊时在现场试吊 2 次,起吊高度约 10～15 cm,试验桥式起重机的运行状况。起吊应水平,吊入泵体前需找准中心,慢速下降放入机坑。

（4）前、后导轴承放在支座上就位前,按原始拆除厚度放入垫片,测量并调整高程、水平、轴向位置及与泵壳同心度。

（5）以叶调侧短轴与叶调轴为基准,调整垫片厚度。

工序 47:调整转子部件同心

（1）制作叶轮外壳（上）与（下）哈夫面所适用的垫片。

（2）吊装叶轮外壳（上）,临时,调同心用。

（3）以叶调侧短轴与叶调轴为基准（允许偏差为 0.15）,人工盘车,测量叶片间隙,根据实际调整推力轴承、前后径向轴承的垫片厚度,使同心及叶片间隙均满足规范要求（叶片平均间隙设计值为 2～2.85,叶片与叶轮室的间隙与实际平均间隙之差不应超过实际平均间隙值的±20%）。

（4）固定推力轴承、前后径向轴承的地脚螺栓。

（5）用塞尺检查轴封法兰与支座的间隙，如不合格则需垫铜片，然后再将其连接的螺栓拧紧。

工序 48：吊装齿轮箱部件

（1）吊装前检查。

（2）采用 2 根 $\phi 14$ 号钢丝绳吊起齿轮箱四个吊点，缓慢吊至支撑座（注意避免碰擦电机及主轴联轴器）。

（3）齿轮箱与支撑座间按原始数据垫铜垫。

（4）架表，测量调整齿轮箱联轴器与泵轴联轴器间隙、同轴、偏移，使符合规范要求（$a = \left[\left(\dfrac{a_{上} - a_{下}}{2} \right)^2 + \left(\dfrac{a_{南} - a_{北}}{2} \right)^2 \right]^{0.5}$，$a_{需} < 0.9$）。

（5）架表，测量调整齿轮箱联轴器与电机联轴器的间隙、同轴、偏移，使符合规范要求（$a = \left[\left(\dfrac{a_{上} - a_{下}}{2} \right)^2 + \left(\dfrac{a_{南} - a_{北}}{2} \right)^2 \right]^{0.5}$，$a_{需} < 0.3$）。

（6）固定齿轮箱及电机与支座的连接螺栓。

（7）吊装齿式联轴器及蛇形联轴器的罩子，固定在支座上。

工序 49：拆除固定用专用工具

（1）拆解推力轴承的固定工具，安装盖板。

（2）拆解前后径向导轴承、轴封的固定专用工具。

（3）推力轴承箱加，68# 汽轮机油约 14 L，注意观察油位计。

（4）连接推力轴承箱及空气围带进气管。

工序 50：连接测温等电气接线

按照拆解的顺序，复原相关传感器等接线（参考解体时保留的影像资料）。

工序 51：重吊伸缩节

（1）吊起叶轮外壳（上）至检修间。

（2）拆除工具，重新吊起伸缩节，首先用螺栓将专用工具（3N4-S4261212）固定在叶轮外壳（下）的哈夫面上，然后用螺栓将伸缩节固定在专用工具上（工具：大活动扳手、小锤）。

工序 52：吊装导流锥管（上）

（1）制作导流锥管（上）与导流锥管（下）哈夫面的垫片，垫片底面涂一道均匀的玻璃胶（KE45），垫片上面近水一侧同样涂一道均匀的玻璃胶（KE45）。

（2）用钢丝绳将导流锥管（上）水平吊至基坑，对准定位销，敲平定位销。

（3）紧固内壳体处连接螺栓（注：此处螺栓若过水，则全部更换为新不锈钢螺栓）。

（4）紧固外壳体处连接螺栓。

（5）紧固导水锥管与进口底座连接螺栓。

（6）按圆周 8 个方向测量迷宫密封与固定部件的间隙，适当添加铜垫片，以保证迷宫密封安装的垂直度 < 0.1 mm/m。

工序 53：吊装出口接管（上）

（1）制作出口接管（上）与出口接管（下）哈夫面的垫片，垫片底面涂一道均匀的玻璃胶（KE45），垫片上面近水一侧同样涂一道均匀的玻璃胶（KE45）。

（2）用钢丝绳将出口接管（上）水平吊至基坑，对准定位销，敲平定位销。

（3）紧固内壳体处连接螺栓。

（4）紧固外壳体处连接螺栓。

（5）紧固出口接管与出口底座（内）连接螺栓。

（6）紧固出口接管与出口底座（外）。

工序 54：电缆复接

（1）电缆从电缆孔有序穿入灯泡体，并按规范进行安装、接线。

（2）吊装风机管道，连接其与墙壁及出口接管的螺栓。

（3）连接齿轮箱供回油等其他辅机管路。

工序 55：连接油管、气管

（1）连接推力轴承箱油管、电机侧轴封空气围带进气管，延长至出口接管上部。

（2）连接叶调侧轴封空气围带进气管，引至外部连接管。

（3）检查进气管是否漏气，加油管是否漏油。

工序 56：吊装导叶体（中）

（1）制作导叶体（中）上与导叶体（中）下哈夫面的垫片，垫片底面涂一道均匀的玻璃胶（KE45），垫片上面近水一侧同样涂一道均匀的玻璃胶（KE45）。

（2）用钢丝绳将导叶体（中）上水平吊至基坑，对准定位销，敲平定位销。

（3）紧固导叶体（中）与内壳哈夫面的连接螺栓。

（4）紧固导叶体（中）与出口接管法兰的连接螺栓。

（5）按圆周 8 个方向测量迷宫密封与固定部件的间隙，适当添加铜垫片，以保证迷宫密封安装的垂直度＜0.1 mm/m。

工序 57：吊装导叶体（上）

（1）制作导叶体（上）与导叶体（下）哈夫面的垫片，垫片底面涂一道均匀的玻璃胶（KE45），垫片上面近水一侧同样涂一道均匀的玻璃胶（KE45）。

（2）用钢丝绳将导叶体（上）水平吊至基坑，对准定位销，敲平定位销。

（3）紧固导叶体（上）与导叶体（下）哈夫面的连接螺栓。

（4）紧固导叶体（上）与出口接管法兰的连接螺栓。

工序 58：吊装伸缩节

（1）拆除固定工具，吊装伸缩节，与导流锥管法兰连接处涂玻璃胶（KE45）。

（2）紧固伸缩节与导流锥管的连接螺栓。

工序 59：吊装叶轮外壳（上）

（1）将垫片底面涂一道均匀的玻璃胶（KE45），垫片上面近水一侧同样涂一道均匀的玻璃胶（KE45）。

（2）用钢丝绳将叶轮外壳（上）水平吊至基坑，对准定位销，敲平定位销。

（3）紧固叶轮外壳（上）与叶轮外壳（下）哈夫面的连接螺栓。

（4）紧固叶轮外壳（上）、叶轮外壳（下）与伸缩节的连接螺栓。

工序 60：人孔盖封闭（清扫）

（1）制作人孔盖的垫片，垫片底面涂一道均匀的玻璃胶（KE45），垫片上面近水一侧同样涂一道均匀的玻璃胶（KE45）。

（2）行车将人孔盖从检修间吊至机坑,紧固人孔盖与出口接管的连接螺栓 M24×55(工具:一字起、电动扳手)。

工序 61:流道充水

（1）关闭进水流道和出水流道的检修阀。

（2）打开进水流道平水阀进行充水,使流道中水位逐渐上升,直到检修闸门内外水位持平。

（3）充水时,应派专人仔细检查各密封面和结合面,应无渗漏水现象。观察 24 h,确认无渗漏水现象后,方能提起下游进水闸门。

（4）如发现漏水,立即在漏水处做好记号,关闭进水流道平水阀,启动检修排水泵,待流道排空,对漏水处进行处理完毕后,再次进行充水试验,直到完全消除漏水现象。

6.5 电气试验

主机组检修后应对电动机进行试验,主要试验项目应包括:

（1）定子绕组的绝缘电阻、吸收比(标准参考 SL317 及 GB 50150)。

（2）定子绕组的直流电阻(相间误差<2%,线间误差<1%)。

（3）定子绕组的直流耐压试验和泄漏电流(各相泄漏电流的差值不大于最小值的 100%,泄漏量 20 μA 以下无明显差别)。

（4）定子绕组的交流耐压。

（5）转子绕组的绝缘电阻(2 500 V,施加 1 min 代替交流耐压)。

（6）转子绕组的直流电阻。

（7）试验仪器:JYR(10C)直流电阻测试仪 No.01135654,FLUKE1550C 绝缘电阻测试仪 No.3593019,ZGS-200/2F 直流高压发生器 No.2021408F,TQSBJ-10/20 工频交流耐压试验装置。

（8）试验依据:《电力设备预防性试验规程》(DL/T 596—1996)、《南水北调泵站工程管理规程(试行)》(NSBD 16—2012)。

6.6 试运行验收

机组大修工作完成后,试运行验收分试运行和验收移交两个阶段进行。

6.6.1 试运行

（1）机组大修完成,且电气试验合格后,进行大修机组的试运行。

（2）机组试运行前,由江苏水源公司、分公司,泵站公司和现场管理单位共同制定试运行方案。

（3）试运行由分公司主持,泵站公司和现场管理单位参加。试运行过程中,做好各参数详细记录。

（4）机组试运行时间为带负荷连续运行 4 h。

（5）试运行工作完成后,进行机组外表出新。

6.6.2 验收移交

(1) 检查大修项目是否按要求全部完成。

(2) 审查大修报告、试验报告和试运行情况。

(3) 进行机组大修质量鉴定,并对检修缺陷提出处理要求。

(4) 检查机组是否已具备安全运行条件。

(5) 对验收遗留的问题提出处理意见。

(6) 大修机组移交。

附录 A　工作制度

A.1　现场检修制度

（1）施工人员进入现场检修、安装时必须执行《电业安全工作规程》的工作票制度。

（2）检修工作开始前，工作票内的安全措施应准确无误，工作许可人检查核实，确认无电压后，项目负责人才能带领检修工作班人员进行检修工作。

（3）检修工作班人员在工作票签发的范围内工作，不得随意进出和逗留在其他带电场所，以免发生设备和人身事故。

（4）进入施工现场必须佩戴安全帽，高空作业、上下交叉作业时须佩戴安全带。检修现场根据需要应备有灭火器、安全网等必要的安全器具。

（5）加强对泵站检修现场的管理，做到检修区域明确，设备摆放合理，措施落实到位，人员配置合理。

（6）泵站设备检修应有检修计划和检修方案，检修现场应明确关键工序进度计划、质量要求及人员组织网络。

（7）检修现场根据需要设置各类安全警示标志，坑洞周围应设置硬质安全围栏且固定可靠。

（8）做好检修现场的防火工作，合理配置灭火器材，检修现场严禁抽烟。可燃易燃物堆放合理，严禁靠近火源、热源及电焊作业场所。

（9）检修工具符合安全使用要求，专人管理，使用前进行检查，检修现场分类定点摆放整齐，随用随收，每日收工时认真清点，防止遗失。

（10）检修拆卸零部件及螺栓、定位销等联接件应专人管理，做好标记、编号管理，及时做好清理保养工作，做到无损伤、无遗漏、无错置。

（11）金属切割及焊接设备符合安全使用要求，在检修现场合理摆放，各类临时电线、气管应敷设整齐、固定可靠，禁止私拉乱接。

（12）检修用脚手架使用合格的钢管、脚手板等，搭设符合安全要求，连接可靠，紧固到位。

（13）夜间检修作业现场应增设照明器材，保证足够的亮度，施工现场设置安全警示灯。

（14）检修照明灯具必须采用小于等于 36V 的安全电压供电。

（15）检修动力电源应使用漏电保护器，并检查和试验确保动作可靠灵敏。

（16）检修用起重设备应经检验、检测机构检验合格，并在特种设备安全监督管理部门登记。起重作业人员在作业中应严格执行起重设备的操作规程和有关的安全规章制度。

（17）在发生人身触电事故时，为解救触电人，可以不经许可，即行断开有关设备的电源，但事后应报告上级及现场管理单位。

（18）遇有电气设备着火时，应立即将有关设备的电源切断，然后进行灭火。对带电设备应使用干式灭火器，不应使用泡沫灭火器灭火。对注油设备可使用泡沫灭火器或干沙等灭火。

（19）检修现场使用易燃易爆物品场所应严禁一切火种，严禁使用汽油作为清洗剂。

A.2 安全器具管理制度

（1）安全器具应由专人负责管理。

（2）登高安全器具、安全网、安全帽由专人保管，编号管理，定期检查，存放在干燥通风、无鼠害的仓库，保持清洁，对不符合安全要求的及时报废。

（3）新购置的安全器具应具有安全生产许可证、产品合格证和安全鉴定合格证。

A.3 检修现场消防安全制度

（1）消防器材由项目部根据相关要求统一计划购置配备，项目部应经常教育相关人员掌握消防器材的使用方法，经常教育管理人员爱护消防器材。

（2）组织职工积极参与防火知识、技能的宣传教育及培训演练工作，切实提高安全防火能力。

（3）消防器材按规范合理设置，设卡登记管理，定期对防火设施、器材进行检查，保证其完好有效。

（4）组织实施防火检查和火险隐患整改。

（5）严格用火安全管理。禁止在室内外乱烧废纸、垃圾。禁止在具有火灾、爆炸等危险的场所使用明火，因特殊情况需进行电、气焊等明火作业时，应按规定审批，落实现场监护人和安全措施后方可动火作业。

（6）严格用电安全管理。各类电线、电器的安装和使用均应符合用电安全、防火安全规定。严禁私拉乱接及擅自增加大功率用电设备。

（7）加强防火水源管理。检查现场消火栓是否有充足的防火水源。

（8）保持疏散通道、安全出口畅通，严禁在疏散通道、安全出口等处堆放障碍物，严禁安全出口上锁。

（9）保障应急照明、火险报警等设施处于正常状态。

（10）遇有初期火灾，要迅速组织扑救、报警。

（11）遇有电气设备着火时，应立即将有关设备的电源切断，然后进行灭火。对带电设备应使用干式灭火器，不应使用泡沫灭火器灭火。对注油设备可使用泡沫灭火器或干沙等灭火。

（12）对在防火安全管理中成绩显著的人员应按有关规定给予表彰奖励。对违反防火安全管理制度的人员应视情节按有关规定给予处罚直至移交司法机关追究其法律责任。

A.4 动火工作制度

（1）焊接工作应有专人负责，焊工必须经培训考试合格，取得操作证方可从事焊接作业。

（2）离焊接处 5 m 以内不得有易燃易爆物品，工作地点通道宽度不得小于 1 m。高空作业时，火星可能飞溅到的区域内无易燃易爆物。

（3）工作前必须检查焊接设备是否完好，阀门、压力表、回火器等安全装置是否灵敏可靠。

（4）乙炔、氧气储罐使用时不得碰击、剧烈振动和暴晒。气瓶更换前必须留有一定的压力。乙炔气瓶储存、使用时必须保持直立,采取防倾倒措施。

(5)不得在储有汽油、煤油、挥发性油脂等易燃易爆物的容器上进行焊接。对贮存过易燃物品的金属容器进行焊接时,必须清洗,并用压缩空气吹净,容器所有通气口应与大气相通,否则严禁焊接。

(6)施焊地点应距离乙炔瓶和氧气瓶 10 m 以上,乙炔气瓶与氧气瓶的距离不小于 5 m。

(7)焊接人员操作时,必须戴面罩、防护手套,穿棉质工作服和皮鞋,保证现场通风良好,在高空作业时应系安全带。

(8)焊接工作停止后,应将火熄灭,待焊件冷却并确认无焦味和烟气后,操作人员方能离开工作场所。四级风以上天气严禁使用焊接设备。

(9)工作前应检查电焊机和金属台应有可靠的接地,电焊机外壳必须可靠接地,接地线不得接在建筑物和金属管道上。

(10)电极夹钳的手柄绝缘必须良好,否则应维修或更换。

(11)在焊接工作之前应预先清理工作面,备有灭火器材,设置专人看护。

(12)焊接中发生回火时,应立即关闭乙炔和氧气阀门,关闭顺序为先关乙炔后关氧气,并立即查找回火原因。

(13)氧气瓶、管道、减压器及附件严禁有油脂沾污,防止因氧化产生高温引起燃烧爆炸。

(14)乙炔气瓶阀门应保持严密。乙炔、氧气管道、压力表应定期清洗试压检测。

A.5　常见工器具使用管理制度

(1)钢丝绳及吊带

维修组人员每月对钢丝绳、吊带进行检查,并记录;操作者使用时发现钢丝绳、吊带有损坏或隐患,应停止使用并报修;起重机械操作者根据起重作业选用钢丝绳、吊带,对状态不清的钢丝绳、吊带不允许使用;钢丝绳及吊带应在规定的地点挂好,使用后再放回原处;按规定定期检验、报废。

(2)千斤顶

使用前应检查各部分是否完好,有无变形;严禁超载使用,不得加长手柄,不得超过规定人数操作;载荷应与千斤顶轴线相垂直,起动千斤顶时应平稳、有节奏地匀速上升或缓慢下降;严格按照其他安全规程进行操作;高处使用千斤顶时应用麻绳或铁丝等拴住提手,并绑扎在牢靠处,以防滑脱,坠落伤人。

(3)砂轮机、电钻等手持电动工具

使用前,操作者应认真阅读产品使用说明书或安全操作规程,详细了解工具的性能和掌握正确的使用方法;工具的电源线不得任意接长或拆换,插头不得任意拆除或调换,防护装置不得任意拆卸;工具使用前必须进行日常检查,并有权拒绝使用不合格工具;按规定进行定期检查;工具如有绝缘损坏、电源线护套破裂或有损于安全的机械损伤,应立即进行维修,不得使用。

A.6 设备检修质量验收制度

（1）各类设备的验收，均应按有关规程、技术标准、管理办法进行。

（2）质量验收实行检修班组、项目部（质检员）、分公司（现场管理单位）三级验收制度。

（3）检修班组验收的项目一般由检修人员自检后交检修班组验收，班组长应全面掌握全班组的检修质量，并随时做好必要的技术记录。

（4）重要工序和重要项目及阶段验收项目由分公司（或现场管理单位）进行验收。检修后，应填好阶段验收记录，其内容包括：检修项目、技术记录、质量评定、检修和验收双方负责人签名。

（5）返厂设备维修完毕返回现场后，由质检员进行复测相关数据，并验收维修报告及维修质量。

（6）检修过程中采购的物资及原材料，由质检员及班组长进行检验，并做好记录。

（7）设备大修后的试运行验收，由施工单位、现场管理单位及分公司有关人员参加。经试运行验收合格后，项目正式完工。

（8）重要设备和改造工程的质量验收，应报分公司，由分公司和职能部门组织人员进行验收。

附录 B 大修常用工具清单

序号	名称	规格	数量	单位	备注
一		货架、工具箱			
1	货架	3 层×2	2	组	
		3 层×3	1	组	
2	手提工具箱	20 寸	2	只	
3	工具车	世达 95118	1	辆	
4	工具柜(加厚)		2	节	
二		扳手			
1	活动扳手	8 寸(24.1 mm)	各 2	把	
2	双头呆扳手	36、46 mm	各 4	把	
3	开口扳手组合	5.5～32 mm 共 10 把	2	套	
4	梅花扳手组合	5.5～32 mm 共 10 把	2	套	
5	敲击梅花扳手	55、65、75、80 mm	各 1	把	
6	单头开口扳手	55 mm	2	把	
7	敲击开口扳手	46、75 mm	各 1	把	
8	单向双头快速扳手	24、27、30 mm	各 2	把	
9	19 mm 12 角套筒组套	30～60 mm 套筒	1	套	
10	12.5 mm 6 角套筒组套	8～34 mm 套筒	1	套	
11	特长球头内六角扳手组套	1.5～10 mm 共 9 件	2	套	
12	发黑内六角扳手	12、14、17、19 mm	各 4	把	
13	预置式扭力扳手	40～200、80～400 N·m	各 1	把	
14	扭力倍增器	6 000 N·m	1	台	
15	重型套筒头	75 mm	2	只	
三		管子钳			
1	管子钳	14、18、24、48 寸	各 3	把	
四		锤			
1	木柄圆头锤	1.5 Lbs	1	把	
2	纤维柄八角锤	4 Lbs	2	把	

（续表）

序号	名称	规格	数量	单位	备注
3	木柄羊角锤	1 Lbs	1	把	
4	木柄除渣锤	0.5 Lbs	1	把	
5	玻璃纤维柄圆头锤	1.5、2.5 Lbs	各2	把	
6	纤维柄八角锤	12 Lbs	2	把	
7	防震橡皮锤	55 mm	2	把	
8	玻璃纤维柄羊角锤	1 Lbs	1	把	
五	钳子				
1	钢丝钳	6、8寸	各1	把	
2	尖嘴钳	6寸	1	把	
3	斜嘴钳	6寸	1	把	
4	大力钳	7寸	1	把	
六	锉刀				
1	平锉	12寸 细齿	7	把	
2	圆锉	12寸 中齿	1	把	
3	半圆锉	12寸 中齿	2	把	
4	三角锉	10寸 中齿	1	把	
5	10件套什锦锉 5 mm×180 mm	圆杆直径 5 mm 整长 180 mm	1	套	
6	油光锉	10寸	3	把	
7	硬质合金旋转锉	锥形圆头 刃径 10 mm	3	个	
8	硬质合金旋转锉	圆球形 刃径 6 mm	15	个	
七	电气工具				
1	一字、十字螺丝起组套	共8件	1	套	
2	电讯组合工具	共53件	1	套	
3	十字形穿心螺丝起		3	把	
4	一字形穿心螺丝起	8 mm×250 mm	3	把	
八	切削用具				
（一）	麻花钻头				
1	麻花钻头	5 mm	1	支	
2	麻花钻头	1～10 mm	1	套	
3	麻花钻头	6 mm	4	支	
4	麻花钻头	8 mm	6	支	

（续表）

序号	名称	规格	数量	单位	备注
5	麻花钻头	10 mm	6	支	
6	麻花钻头	10 mm 共 10 支	1	盒	
7	麻花钻头	12 mm	4	支	
8	麻花钻头	13 mm	1	支	
9	麻花钻头	18.5 mm	2	支	
（二）	丝锥				
1	丝锥	M3—M12 共 21 件	1	套	
2	丝锥	共 10 件	1	套	
3	丝锥	M16、M20、M24、M30、M36、M42	各 2	付	
（三）	圆板牙				
1	圆板牙	M8、M10、M20、M24、M30	各 2	只	
（四）	铰刀				
1	铰刀	M10	5	把	
2	铰刀	13、16、20 mm	各 5	把	
（五）	美工刀				
1	美工刀	9、18 mm	各 1	把	
（六）	刮刀				
1	三角刮刀	8 寸	10	把	
（七）	剪刀				
1	直头航空剪		1	把	
2	剪刀		2	把	
3	铁皮剪刀		1	把	
（八）	錾子				
1	平錾	圆形柄	1	把	
2	平錾	木柄	1	套	
3	平錾	八角形柄	5	把	
4	尖錾		4	把	
（九）	锯弓				
1	钢锯架		2	把	
九	托盘				
1	方形磁力盘		1	套	

（续表）

序号	名称	规格	数量	单位	备注
2	托盘 （大）		10	只	
3	托盘 （中）		10	只	
4	油盘	600 cm×900 cm×10 cm	4	只	
十		加油用具			
1	漏斗		1	只	
2	加油壶	20 L	1	只	
3	空油桶（镀锌）	200 L	20	只	
十一		冲模			
1	9件套数字冲模		2	套	
2	27件套数字冲模		1	套	
十二		黄铜棒			
1	黄铜棒	40、50 cm	各1	根	
十三		梯子			
1	铝合金人字梯	2、4 m	各1	张	
十四		其他用具			
1	喷漆枪		1	只	
2	温度计	100℃	5	支	
3	试压泵	4 MPa	1	台	

附录 C　测量工具清单

序号	名　称	规格或型号(mm)	单　位	数　量	备　注
1	外径千分尺	0～25、25～50、50～75	把	各1	
2	机械外径千分尺	300～400	把	1	
3	内径千分尺	50～600	套	1	
4	机械内径千分尺	150～2000	把	1	
5	游标卡尺	0～1000	只	1	
6	游标卡尺	0～500	只	1	
7	游标卡尺	0～300	只	1	
8	游标卡尺	0～200	只	1	
9	深度游标卡尺	0～500	只	1	
10	深度游标卡尺	0～300	只	10	
11	深度游标卡尺	0～200	只	1	
12	钢卷尺	30 m	只	2	
13	钢卷尺	10 m	只	2	
14	钢卷尺	3～5 m	只	10	
15	合相水平仪	0.01	只	2	
16	框式水平仪	0.02	只	1	
17	条式水平仪		只	1	
18	直尺	100～1000	只	5	
19	磁性表座		只	14	
20	百分表	0～10	套	20	
21	塞尺	0.04～1、0.02～0.5、0.05～0.5、0.05～1	把	各1	
22	圆规	300、200	把	各1	
23	合金地规	1000	把	1	
24	水准仪		台	1	
25	量缸表	50～160、35～50	套	各1	

附录 D 需更换易损件或备件及耗材的清单

编号	名称	主要参数	单位	数量
一	锯条锯片及批头			
1	锯条	32 齿共 100 根	盒	1
2	十字螺丝批头	共 10 支	盒	1
二	油脂			
1	钙基润滑脂		包	6
2	白色特种润滑脂		罐	4
三	电气材料			
1	扎带	200 mm	袋	2
2	扎带	300 mm	袋	2
3	扎带	400 mm	袋	1
4	电工胶布		卷	50
5	铂热电阻	$L = 100$ Pt 100	只	8
四	紧固件			
1	螺丝	30 mm×140 mm	套	15
2	螺丝	30 mm×180 mm	套	15
五	管件			
1	热缩管	3 mm	m	50
2	热缩管	4 mm	m	50
3	热缩管	5 mm	m	50
4	记号管	1.5 mm	卷	1
5	记号管	2.5 mm	卷	1
六	打磨切削材料			
1	切割片	350 mm	片	5
2	割嘴	100 型	个	5
3	石棉板		kg	25
4	铜弯头		只	4
5	铜管		kg	1.25
6	铜直接		只	2

（续表）

编号	名称	主要参数	单位	数量
7	铜焊条		根	5
8	硼砂		瓶	1
9	直接连管	22 mm×1.5 mm/ 22 mm×1.5 mm	个	10
10	直接连管	22 mm×1.5 mm/ 18 mm×1.5 mm	个	10
11	直接连管	18 mm×1.8 mm/ 18 mm×1.5 mm	个	10
12	螺母焊管	22 mm×1.5 mm	套	10
13	螺母焊管	18 mm×1.5 mm	套	10
七	照明、灯泡			
1	节能灯泡	5W	只	4
八	油漆、毛刷			
1	毛刷	2寸	把	20
2	毛刷	3寸	把	5
3	毛刷	3寸	把	10
4	毛刷			30
5	滚筒	20 cm	把	10
6	环氧富锌漆		组	3
7	黑磁漆		桶	1
8	灰磁漆		桶	1
9	稀释液		桶	2
九	木材、台垫防护类			
1	木方		根	50
2	模板	1 830 mm×1 000 mm×9 mm	张	20
十	密封件			
1	生胶带		个	100
2	密封胶		盒	10
3	螺丝胶		盒	3
4	502胶水		盒	10
十一	清洗用品			
1	酒精		瓶	3

（续表）

编号	名称	主要参数	单位	数量
2	脱漆剂		瓶	12
3	清洗剂		瓶	24
4	擦机布		斤	100
5	雨布	4 m×6 m	袋	4
十二	钢材			
1	钢板		斤	245
2	焊条		包	5
3	圆钢		斤	52
4	铁管	4 分	个	2
5	钢管		斤	95
十三	其他消耗材料			
1	氧气		瓶	1
2	乙炔		瓶	3
3	通针		盒	2
4	石笔		盒	2
5	粉笔		盒	1
6	记号笔		盒	1
7	记号笔		支	3
8	小桶		个	10
9	中桶		个	10
10	刀刷		把	3
11	泥桶	黑色	只	8
12	泥桶	棕色	只	6

附录 E　动火作业审批单

编号：

申请人员姓名		申请人员所在单位或部门	
动火地点及动火内容			
动火作业时间	从　　月　　日　　时　　分开始,至　　月　　日　　时　　分结束		
动火人员姓名		动火方式	
动火级别	□一级	□二级	□三级

一、动火等级的划分：

1. 凡属下列情况之一的动火,均为一级动火。

(1) 禁火区域内;(2) 油罐、油箱、油槽车和储存过可燃气体、易燃液体的容器及与其连接在一起的辅助设备;(3) 各种受压设备;(4) 危险性较大的登高焊、割作业;(5) 比较密封的室内、容器内、地下室等场所;(6) 现场堆有大量可燃和易燃物质的场所。

2. 凡属下列情况之一的动火,均为二级动火。

(1) 在具有一定危险因素的非禁火区域内进行临时焊、割等用火作业;(2) 小型油箱等容器用火作业;(3) 登高焊、割等用火作业。

3. 在非固定的、无明显危险因素的场所进行用火作业,均属三级动火作业。

二、危险、有害因素识别：

1. 氩弧焊时,产生的紫外线强度很大,易引起电光性眼炎、电弧灼伤,同时产生的臭氧和氮氧化合物会刺激呼吸道;氩弧焊时,若周围空气中的易燃气体达到爆炸浓度,将引发火灾事故。

2. 电焊时,电焊火花溅至易燃物品上,易引发火灾事故;电焊烟尘吸入易引起肺部不适。

3. 切割产生的火花溅至易燃物品上,易引发火灾事故,切割作业若防护不当,有可能割伤手臂、脸部等身体部位。

4. 上述用电设备操作、维护不当,均存在触电危险。

是否涉及	动火部位所在部门负责主要安全措施	落实人员确认签字
□	涉及易燃/可燃介质的设备、管线等,必须经清洗、置换合格,达到用火条件	
□	清除现场及周围的易燃物品,或采用石棉板、石棉布等不燃物妥善覆盖,防止火星落入	
□	现场配备足够的消防器材,灭火器(灭火类型必须适用)至少 1～2 具,必要时配备黄沙至少 1 桶等。	
□	在生产、使用、储存氧气的设备上进行动火作业,氧含量不得超过 21％	
□	动火点周围(最小半径 3 米)的地漏、地沟、电缆沟已采取覆盖、铺沙、水封等措施进行了隔离	
□	在高处动火时应采取防火花飞溅措施,注意火星飘落方向,用路障对施工区域进行围护	

（续表）

是否涉及	动火作业部门负责主要安全措施	落实人员确认签字
□	凡可能与易燃物互通的设备、管道等部位的动火,均应加堵盲板,与系统彻底隔离、切断,必要时应拆掉一段连接管道	
□	焊工持有有效期内的焊接与热切割资质证书,操作时正确穿戴个体防护用品	
□	动火工器具必须安全可靠。使用前应对焊机进行全面检查,确定没有隐患,再接通电源,空载运行正常后方可施焊。保证焊机接线正确,必须良好接地。焊工离开工作场所或焊机不使用时,必须切断电源	
□	动火部位保持正压,严禁负压动火作业	
□	"焊把线"不得穿过下水井或与其他设备搭接,电焊回路线应接在焊件上	
□	氩气瓶禁止卧放,且放置稳固,远离明火 3 米以上,不准碰撞、砸	
□	氩弧焊工作场地要有良好的自然通风或固定的机械通风装置,以减少氩弧焊有害气体和金属粉尘的危害	
□	如采用乙炔焊时,氧气钢瓶和乙炔发生器的位置应妥善设置,两者间距大于 10 米、与作业点间距应符合安全要求	
监火人员发现异常情况要立即通知动火人停止动火作业,监火人员必须坚守岗位,不准脱岗,在动火期间,不准兼做其他工作。		监火人员 签字:
动火部位/场所负责人意见: 签名: 日期:		管理所意见: 签名: 日期:
完工验收	作业现场清理完毕,无残留火种,物品恢复原有整齐放置。动火结束后持续留守现场 1 小时,并且在 3 小时后复验。 完工验收时间:　　月　　日　　时　　分　　　验收人:	

附录 F　特种设备使用审批单

申请单位(部门)		申请人		审批单编号				
作业时间	自　年　月　日　时　分始至　年　月　日　时　分止							
作业地点								
作业内容								
作业高度			作业类别					
作业单位			监护人					
作业人			涉及的其他特殊作业					
危害辨识								

序号	安全措施	选项	确认人
1	吊装作业人员必须持有特殊工种作业证		
2	吊装重量大于 40 吨的物体和土建工程主体结构,应编制吊装施工方案		
3	作业人员佩戴合格的安全帽		
4	吊装作业前,应预先在吊装现场设置安全警示标志并设专人监护,非施工人员禁止入内		
5	吊装作业中应有足够的照明,室外作业遇到大雪、暴雨、大雾及六级以上大风时,应停止作业		
6	吊装作业前,应对起重吊装设备、钢丝绳、吊装带、吊钩等各种机具进行检查,必须保证安全可靠,不准带病使用		
7	吊装作业,必须按规定符合进行吊装,吊具、锁具经计算选择使用,严禁超负荷运行		
8	所吊重物接近或达到额定起重吊装能力时,应确认制动器,用低高度、短行程试吊后,再平稳起吊		
9	其他安全措施:　　　　　　　　　编制人:		

实施安全教育人						
申请单位意见	签字:　　　　　　　　　　　　年　　月　　日　　时　　分					
管理所审核人意见	签字:　　　　　　　　　　　　年　　月　　日　　时　　分					
完工验收	签字:　　　　　　　　　　　　年　　月　　日　　时　　分					

附录 G 大修报告

G.1 立式机组大修报告书

立式机组的大修报告书以洪泽站立式全调节混流泵机组为例,该泵机组采用正向进、出水方式,堤后式布置,水泵采用竖井筒体式结构,配肘形进水、虹吸式出水流道,真空破坏阀断流,站身为块基型结构,站身内部自下而上为进水流道层、水泵层、联轴层和电机层,具有一定的代表性。

G.1.1 机组基本情况

电　机	型　号		出厂日期	
	厂　家		编　号	
水　泵	型　号		出厂日期	
	厂　家		编　号	
投运日期				
运行情况概述:				
本次大修缘由:				

G.1.2 机组大修组织情况

（1）大修项目组
项目经理：

现场负责人：

（2）机组检修组
机械维修组：
电气维修组：
起重作业组：
安全技术组：

（3）其他人员：
油漆工、电焊工、杂工等。

G.1.3　解体资料

1. 轴承间隙及卡环轴向间隙记录

____年___月___日

序号	项目名称	实测值							
		1	2	3	4	5	6	7	8
1	电机上导								
2	电机下导								
3	泵轴水导								
4	卡环轴向间隙								
结论									
备注		测点示意图：							

说明：

(1) 计量单位：mm。

(2) 电机上导瓦间隙设计值为单边_____mm，下导瓦间隙设计值为双边_____mm。

(3) 水导轴承材质为_____材质，间隙设计值为双边_____mm。

(4) 卡环受力后，其局部轴向间隙不应大于 0.03 mm。

2. 电动机磁场中心记录

____年____月____日

	测点	1	2	3	4	5	6	7	8	9
转子磁极上端面至定子铁芯上端面	实测值									
	测点	10	11	12	13	14	15	16	17	18
	实测值									
	测点	19	20	21	22	23	24	25	26	27
	实测值									
	测点	28	29	30	31	32	33	34	35	36
	实测值									
	测点	37	38	39	40					
	实测值									

转子磁极上端面至定子铁芯上端面的平均值 $H_3 = $ _____mm

磁场中心实际值 $H_2 = H_3 - (H_1 - h_1)/2 = $ _____mm

结论：

备注：

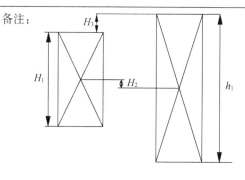

说明：

(1) 计量单位：mm。

(2) 定子铁芯上端面高于转子磁极上端面为正，反之为负。

(3) 电机磁场中心：定子铁芯中心线等于或高于转子磁极中心线，其高出值不应超过定子铁芯有效长度的-0.15%～0.5%，即_____mm。

(4) H_1 为定子铁芯长度_____mm，h_1 为转子磁极长度_____mm，H_2 为磁场中心实际值，H_3 为转子磁极上端面至定子铁芯上端面的距离。

3. 电动机空气间隙记录

_____年_____月_____日

测点	1	2	3	4	5	6	7	8	9	10	11
实测值											
测点	12	13	14	15	16	17	18	19	20	21	22
实测值											
测点	23	24	25	26	27	28	29	30	31	32	33
实测值											
测点	34	35	36	37	38	39	40	41	42	43	44
实测值											
测点	45	46	47	48							
实测值											

最大间隙：	最小间隙：	平均间隙：

最大间隙比＝（最大间隙－平均间隙）/平均间隙＝

最小间隙比＝（最小间隙－平均间隙）/平均间隙＝

结论

备注:测点示意图:

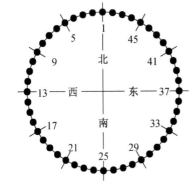

说明:

(1) 计量单位:mm。

(2) 空气间隙设计值为____mm。

(3) 电机空气间隙:各间隙与平均间隙之差不应超过平均间隙的±10%。

4. 水泵叶片与转轮室的径向间隙记录

____年____月____日

叶片方位 叶片编号	东			西			南			北		
	上	中	下	上	中	下	上	中	下	上	中	下
1												
2												
3												
最大间隙：				最小间隙：				平均间隙：				
最大间隙比＝(最大间隙－平均间隙)/平均间隙＝ 最小间隙比＝(最小间隙－平均间隙)/平均间隙＝												
结论：												
备注：												

说明：

（1）计量单位:mm。

（2）叶片处于最大安放角位置_____度时测定其间隙。

（3）叶片间隙:叶片与叶轮室的间隙与实际平均间隙之差不应超过实际平均间隙值的±20％。

5. 主轴摆度记录

___年___月___日

测点编号		1	2	3	4	5	6	7	8
绝对摆度	电机上导轴颈								
	电机下导轴颈								
	联轴器侧面								
	填料函轴颈								
	泵轴水导轴颈								
对应点		1—5		2—6		3—7		4—8	
全摆度	电机上导轴颈								
	电机下导轴颈								
	联轴器侧面								
	填料函轴颈								
	泵轴水导轴颈								
净摆度	电机下导轴颈								
	联轴器侧面								
	填料函轴颈								
	泵轴水导轴颈								

相对摆度	电动机轴下导轴承处轴颈	电动机轴联轴器侧面	水泵轴填料函密封处	水导轴下导轴颈

结论	
备注	

说明：

（1）计量单位：mm（摆度），mm/m（相对摆度）。

（2）绝对摆度是指在测量部位测出的实际净摆度值；相对摆度＝绝对摆度/测量部位至镜板距离。

（3）电机转速_____r/min；测量部位至电机镜板的距离：电机镜板平面至电机下导轴颈约为_____m；至电机联轴器约_____m，电机镜板平面至填料函轴颈约为_____m；电机镜板平面至水导轴颈约为_____m。

（4）电动机轴下导轴承处轴颈相对摆度允许偏差_____mm/m；电动机轴联轴器侧面相对摆度允许偏差_____mm/m；水泵轴填料函密封处相对摆度允许偏差_____mm/m；水导轴下导轴颈相对摆度允许偏差_____mm/m。

（5）水泵下导轴承处轴颈绝对摆度允许值_____mm。

6. 机组镜板水平记录

___年___月___日

测点编号	1	2	3	4	5	6	7	8
镜板水平度								
对应点	1—5		2—6		3—7		4—8	
相对差								
结论								
备注	测点示意图: 							

说明:

(1) 计量单位:mm/m。

(2) 该电动机为刚性支撑(蝶形弹簧弹性)推力轴承,镜板水平度允许偏差≤0.02(0.03)mm/m。

7. 机组主轴中心记录

___年___月___日

测点编号	1	5	偏差	3	7	偏差
主轴定中心						
结论						
备注	测点示意图: 					

说明:

(1) 计量单位:mm。

(2) 泵轴下轴颈处转动中心应处于水泵轴承承插口止口中心,允许偏差≤0.04mm。

8. 机组垂直同心及导叶体水平记录

___年___月___日

测量部位	东	西	差	南	北	差
定子铁芯上端部						
定子铁芯下端部						
上下差值						
泵水导轴窝						
导叶体水平						
结论						
备注						

说明:

(1) 计量单位:mm;导叶体水平单位:mm/m。

(2) 水导轴窝中心线的基准误差不大于 0.05mm。

(3) 定子与泵水导轴窝允许偏差不超过设计空气间隙值_____mm 的±5%,即±_____mm。

(4) 导叶体水平度允许偏差:0.07mm/m。

9. 定转子绕组、矽钢片等检查记录

___年___月___日

部 位	检查情况
定子	
转子	
结论	
备注	

10. 叶片、叶轮外壳汽蚀情况记录

部　　位	叶片 1	叶片 2	叶片 3	外壳
最大深度(mm)				
汽蚀部位				
面积(cm²)				
结论				
备注				

11. 叶片角差检查情况记录

叶片号	方位		
	上　角	下　角	差
1#			
2#			
3#			

最大偏差：

结论：

备注：

说明：

(1) 单位：mm。

(2) 允许偏差：0.25°(约±＿＿＿＿＿mm)。

(3) 角差 $= H_1 - h_1$，最大偏差 = 角差 max - 角差 min

12. 磨损件测量记录

____年____月____日

部位	磨损情况
电机上导轴颈	
电机上导轴瓦	
电机下导轴颈	
电机下导轴瓦	
镜板摩擦面	
推力瓦	
泵轴水导轴颈	
水导瓦	
泵轴填料轴颈	
受油器密封套	
受油器下密封环	
受油器上操作油管	
受油器上密封环	
备注	

13. 其他情况记录

___年___月___日

G.1.4 总装资料

1. 电机推力轴瓦及导轴瓦研刮检查记录

___年___月___日

检查项目	检查结果							
	1	2	3	4	5	6	7	8
推力轴瓦瓦面								
上导轴瓦瓦面								
下导轴瓦瓦面								
结论								

说明:

（1）推力瓦接触面的接触点不应少于 2 个/cm²；导轴瓦接触面的接触点不应少于 1 个/cm²。

（2）推力瓦瓦面局部不接触面积每处不应大于瓦面积的 2%，其总和不应超过瓦总面积的 5%；导轴瓦瓦面局部不接触面积每处不应大于瓦面积的 5%，其总和不应超过瓦总面积的 15%。

2. 机组垂直同轴度及导叶体水平记录（同解体资料）

3. 主轴摆度记录（同解体资料）

4. 机组镜板水平记录（同解体资料）

5. 电动机磁场中心记录（同解体资料）

6. 电动机空气间隙记录（同解体资料）

7. 机组主轴中心记录（同解体资料）

8. 轴承间隙及卡环轴向间隙记录（同解体资料）

9. 水泵叶片与转轮室的径向间隙记录（同解体资料）

10. 泵轴与填料函间隙记录

___年___月___日

项目名称	实测值				
	东	西	南	北	平均间隙
泵轴与填料函间隙					
间隙比					

说明:

(1) 计量单位:mm。

(2) 泵轴与填料函间隙:各间隙与平均间隙之差不超过平均间隙的±20％。

11. 受油器底座安装记录

___年___月___日

测量内容	测量方位					
	东	西	差	南	北	差
受油器底座中心						
受油器底座水平						
受油器底座绝缘						
结论						
备注						

说明:

(1) 计量单位:受油器底座中心,mm;受油器底座水平,mm/m。

(2) 受油器底座水平度允许偏差≤0.04 mm/m;受油器底座中心允许偏差≤0.04 mm;受油器对地绝缘≥0.5 MΩ。

12. 电机冷却器水压试验记录

___年___月___日

设备名称	试验压力(MPa)	试验时间(min)	结果
上油缸冷却器			
下油缸冷却器			
整组试验			
结论			
备注			

说明:

(1) 压力试验介质为水。

(2) 额定工作压力为_____MPa。

(3) 试验压力为1.25倍额定工作压力,保持压力30 min,无渗漏现象。

13. 叶调机构耐压试验记录

___年___月___日

设备名称	试验压力（MPa）	试验时间（min）	结果
操作油管			
接力器上腔与电机轴内腔			
接力器下腔			
结论			
备注			

说明：

（1）压力试验介质为_____号汽轮机油。

（2）额定工作压力为_____ MPa。

（3）试验压力为 1.25 倍额定工作压力，保持压力 30 min，无渗漏现象。

14. 机组轴承绝缘电阻试验记录

___年___月___日

部位瓦号	1	2	3	4	5	6	7	8
上导轴瓦								
下导轴瓦								
推力头								
总装加油前								
结论								
备注								

说明：

（1）计量单位：MΩ。

（2）镜板与推力头之间绝缘电阻应在 40 MΩ 以上；导轴瓦与瓦背之间的绝缘电阻应在 50 MΩ 以上；机组推力轴承在充油前其绝缘电阻不应小于 5 MΩ。

15. 受油器密封环间隙测量记录

测量部件	测量值
密封套外径	
下浮动环内径	
配合间隙	
操作油管外径	
上浮动环内径	
配合间隙	
结论	
备注	

说明：

（1）计量单位：mm。

（2）间隙要求：密封套与下浮动环配合间隙为_____mm；操作油管与上浮动环配合间隙为_____mm。

16. 电动机大修后试验报告

工程名称 _____ 试验性质___ 天气___ 温度___℃ 湿度___%					___年___月___日	

一、铭牌数据

型号		额定电压		额定功率	
额定电流		绝缘等级		功率因数	
接线方式		编号		出厂日期	
生产厂家					

二、绕组直流电阻(Ω)

测量位置	定子绕组				转子绕组
	A 相	B 相	C 相	误差	
直流电阻					

三、绝缘电阻(MΩ)和吸收比

测量部位	耐压前			耐压后		
	R_{15}	R_{60}	R_{60}/R_{15}	R_{15}	R_{60}	R_{60}/R_{15}
A 对 B+C+地						
B 对 A+C+地						
C 对 B+A+地						
转子线圈对地						
备 注	测量转子线圈对地时,用 2 500 V 测 1 min 代替交流耐压					

四、定子绕组直流耐压试验及泄漏电流(μA)　　　　　　　　　　　试验周期 **大修后**

试验位置	6.25 kV	12.5 kV	18.75 kV	25.00 kV
A 对 B+C+地				
B 对 A+B+地				
C 对 A+B+地				

五、工频交流耐压　　　　　　　　　　　　　　　　　　　　试验周期 **大修后**

测量部位	试验电压(kV)	试验时间(min)
A 对 B+C+地		
B 对 A+C+地		
C 对 B+A+地		

六、试验仪器

JYR(10C)直流电阻测试仪 No. 01135654,FLUKE1550C 绝缘电阻测试仪 No. 3593019,ZGS-200/2F 直流高压发生器 No. 2021408F,TQSBJ-10/20 工频交流耐压试验装置

七、试验依据

《电力设备预防性试验规程》(DL/T 596—1996)、《南水北调泵站工程管理规程(试行)》(NSBD 16—2012)

试验结论:所试验项目_____

17. 其他情况及存在问题记录

___年___月___日

其他情况
存在问题

18. 现场组装立式泵机组大修工程质量自评表

项次		检测项目	合格标准	优良标准	实测值	评定
主控项目	1	金属导轴瓦瓦面	瓦面接触点≥1个/cm²，局部不接触面积每处不大于瓦面积的5%，总和不超过15%			
	2	定子铁心上部同轴度	±0.25 mm	±0.20 mm		
	3	定子铁心下部同轴度	±0.25 mm	±0.20 mm		
	4	定子铁心上下部同轴度差值	±0.25 mm	±0.20 mm		
	5	下导轴承处相对摆度	0.04 mm/m	0.03 mm/m		
	6	轴承处的轴颈相对摆度	0.05 mm/m	0.03 mm/m		
	7	镜板水平	0.03 mm/m	0.02 mm/m		
	8	泵轴下轴颈处轴线转动中心	0.04 mm	0.03 mm		
	9	荷重机架导向瓦单边间隙	0.10～0.15 mm(设计要求)			
	10	非荷重机架导向瓦双边间隙	0.20～0.30 mm(设计要求)			
	11	空气间隙	±10%平均间隙	±8%平均间隙		
	12	定转子磁场中心相对高差	−0.15%～+0.5%			
	13	透平油	L-TSA46#汽轮机油(设计要求)			
	14	叶片间隙	±20%平均间隙	±18%平均间隙		
	15	水导轴承间隙	±20%分配间隙	±15%分配间隙		
	16	调节机构底座水平	0.04 mm/m	0.03 mm/m		
	17	调节机构底座同轴度	0.04 mm	0.03 mm		
	18	绕组绝缘电阻(MΩ)和吸收比	定子绕组不低于1 MΩ/kV,转子绕组不低于0.5 MΩ/kV,吸收比不低于1.3			
	19	绕组直流电阻	各相绕组直流电阻值相互差别不应超过其最小值的2%			
	20	定子绕组直流耐压试验和泄漏电流	各相泄露电流的差值不大于最小值的100%,泄露量20 μA以下无明显差别			
	21	绕组交流耐压试验	试验电压15 kV			
	22	定子绕组极性及连接	极性正确、连接牢固			
一般项目	1	电气绝缘与外观	符合设计和规范要求			
	2	推力头轴孔与轴颈配合	符合设计和规范要求			
	3	油槽冷却器耐压试验	无渗漏			
	4	组合面	间隙、错位符合《泵站设备安装及验收规范》(SL 317—2015)要求			

（续表）

项次		检测项目	合格标准	优良标准	实测值	评定
一般项目	5	卡环受力后局部轴向间隙	0.03 mm	0.03 mm		
	6	镜板与推力头之间绝缘电阻	500V 兆欧表检测应大于 40 MΩ			
	7	导轴瓦与瓦背之间绝缘电阻	500V 兆欧表检测应大于 50 MΩ			
	8	推力轴承充油前绝缘电阻	≥5 MΩ			
	9	上油槽冷却装置耐压试验	试验压力 0.4 MPa,时间 30 min 无渗漏			
	10	下油槽冷却装置耐压试验	试验压力 0.4 MPa,时间 30 min 无渗漏			
	11	油槽盖板径向间隙	0.5～1.0 mm			
	12	机组制动器或顶车装置	能自动复位,耐压试验无渗漏,高程偏差 ≤ ± 1 mm,水平偏差 ≤0.2 mm/m			
	13	操作油管连接、主轴连接严密性试验	试验压力 5 MPa,30 min 无明显压降			
	14	水泵填料函间隙	±20%平均间隙			
	15	伸缩节	可伸缩量复核设计要求,无渗漏			
	16	操作油管与浮动环间隙	0.05～0.10 mm			
	17	密封套与浮动环间隙	0.05～0.10 mm			
	18	受油器对地绝缘电阻	泵轴不接地情况下测量≥0.5 MΩ			
	19	叶片角度显示	与叶片实际角度一致			
	20	电缆接线及相序	固定牢固、连接紧密、相序正确			
	21	集电环与碳刷	符合产品技术要求			
	22	测温装置	指示正常,绝缘电阻≥0.5 MΩ			
	23	测速装置	接线正确,工作正常			
	24	振动测量装置	接线正确,工作正常			
	25	加热器	接线正确、绝缘良好、工作正常			
	26	泵体部件与混凝土结合面	无渗漏			
	27	泵体部件组合面	无渗漏			
	28	水泵主轴填料密封出水	出水量适当			
	29	水泵检修进人孔密封	无渗漏			
检测结果		检测项目全部合格;主控检测项目优良率为 _____ %,一般检测项目优良率为_____ %。				
检测员			专职质检员		班组长	

G.1.5 试运行

1. 首次启动技术检查表

___年 ___月___日　　　天气 ___　　　温度___ ℃

上游水位：　　　　　（设计：　　）　　　　　下游水位：　　　　　（设计：　　）

主机检测项目	技术参数及要求		检查人
	标准	检测结果	
定子绝缘电阻	≥1 MΩ/kV		
定子吸收比	R60/R15≥1.2		
转子绝缘电阻	≥0.5 MΩ/kV		
滑环电刷	光滑、压力适中		
主机空气间隙	无杂物		
润滑油	油色、油位正常		
顶车装置	已复位		
填料函	松紧度正常		
叶片调节机构	调节机构灵活可靠		
	叶片角度指示正确		
	声音、温度正常，无渗漏油		
安全防护设施	完好		
技术供水系统	压力正常、示流信号正常		
备注			

2. 试运行情况

（1）开停机记录

开停序号	开机			停机		
	日期时间	上游水位	下游水位	日期时间	上游水位	下游水位

（2）试运行工况记录

记录时间	上游水位(m)	下游水位(m)	扬程(m)	叶片角度(°)	有功功率(kW)	无功功率(kVar)	主机电流(A)	主机电压(kV)	功率因数	温　　度(℃)					
										推力瓦1	推力瓦2	上导瓦1	下导瓦2	定子线圈1	定子线圈2

（3）试运行机组振动、噪声记录

____年____月____日　　　第　　页

时间	叶角	振动(mm)						噪声(dB)	
		上机架		下机架		叶轮外壳		电机层	水泵层
		水平	垂直	水平	垂直	水平	垂直		
备注									

说明：

① 额定转速_____r/min。

② 立式机组带推力轴承支架的垂直振动限制_____mm；

立式机组带导轴承支架的水平振动限制_____mm；

立式机组定子铁芯部位的水平振动限制_____mm。

G.2 卧式机组大修报告书

卧式机组的大修报告书以蔺家坝灯泡贯流泵机组为例,该泵机组电动机和水泵采用齿轮箱联接,电机为高速同步电机,叶调为机械全调节,相对其他类型的卧式机组结构较为复杂多样,具有一定的代表性。报告整体封面、格式,包括叶片间隙测量、试运行验收等参照立式机组大修报告,有区别的表格在下面分别列出。

G.2.1 机组基本情况(参照立式机组)
G.2.2 机组大修组织情况(参照立式机组)
G.2.3 解体资料

1. 伸缩节检查记录

___年___月___日

测点编号	上	下	差	南	北	差
伸缩节长度						

说明:

① 计量单位:mm。

② 允许偏差<0.30mm。

③ 伸缩节设计长度_____mm。

2. 叶片间隙检查记录(参照立式机组)

3. 电机与齿轮箱联轴器原安装检查记录

___年___月___日

测点编号	上	下	差	南	北	差
间隙						
同轴度(a)						
备注	根据 SL 317—2015,计算两轴心径向位移得: $$a = \left[\left(\frac{a_{上} - a_{下}}{2} \right)^2 + \left(\frac{a_{南} - a_{北}}{2} \right)^2 \right]^{0.5} =$$					

说明:

(1) 计量单位:mm。

(2) 此联轴器为_____联轴器。

(3) 根据《机械设备安装工程施工及验收通用规范》(GB 50231—2009)中规定联轴器外形最大直径为_____,两轴心径向位移_____,端面间隙_____。

4. 齿轮箱与泵轴联轴器原安装检查记录(参照 3)

5. 泵轴与叶调联轴器原安装检查记录(参照 3)

6. 轴封压盖外圆摆度检查记录

___年___月___日

测点编号	1	2	3	4	5	6	7	8
电机侧								
叶调侧								
相对摆度	1—5		2—6		3—7		4—8	
电机侧								
叶调侧								

说明：

（1）计量单位：mm。

（2）设计允许偏差_____。

7. 机组转动部件跳动检查记录

___年___月___日

测点编号	1	2	3	4	5	6	7	8
电机轴								
电机联轴器								
齿轮箱轴（电机侧）								
齿轮箱联轴器（泵轴侧）								
泵轴（齿轮箱侧）								
泵轴联轴器（齿轮箱侧）								
泵轴（叶调侧）								
相对摆度	1—5		2—6		3—7		4—8	
电机轴								
电机联轴器								
齿轮箱轴（电机侧）								
齿轮箱联轴器（泵轴侧）								
泵轴（齿轮箱侧）								
泵轴联轴器（齿轮箱侧）								
泵轴（叶调侧）								

说明：

（1）计量单位：mm。

8. 固定部件垂直度检查记录

____年____月____日

部位方向	进水底座	导叶体	出水接管	出水底座
北侧				
南侧				

说明：

(1) 计量单位:mm/m。

(2) 设计标准为_____mm/m。

9. 其他情况记录(参照立式机组)

G.2.4 总装资料

1. 泵轴与叶调联轴器安装检查记录

____年____月____日

测点编号	上	下	差	南	北	差
间隙						
同轴度						

说明：

(1) 计量单位:mm。

(2) 此联轴器为_____联轴器。

(3) 计算得: $a = \left[\left(\dfrac{a_上 - a_下}{2} \right)^2 + \left(\dfrac{a_南 - a_北}{2} \right)^2 \right]^{0.5} = \underline{\qquad} < \underline{\qquad}$,符合规范要求。

2. 齿轮箱与泵轴联轴器安装检查记录(参照 1)

3. 电机与齿轮箱联轴器安装检查记录(参照 1)

4. 叶片间隙检查记录(参照立式机组)

5. 迷宫密封加垫记录

_____年_____月_____日

方位位置	1	2	3	4	5	6	7	8
电机侧迷宫密封								
叶调侧迷宫密封								

说明：

(1) 单位:mm。

(2) 按圆周8个方向测量迷宫密封与固定部件的间隙,并相应添加铜垫,以保证迷宫密封安装的垂直度<0.1 mm/m。

6. 电机冷却器水压试验记录

_____年_____月_____日

设备名称	试验压力	试验时间	结果
电机冷却器	0.5 MPa	30 min	无渗漏

说明：

(1) 压力试验介质为水。

(2) 额定工作压力为 0.4 MPa。

(3) 试验压力为 0.5 MPa,保持压力 30 min,无渗漏现象。

7. 10 kV _____电动机试验报告(参照立式机组)

8. 其他情况及存在问题记录(参照立式机组)

9. 灯泡式贯流机组大修工程质量自评表

项次		检验项目	质量要求（允许偏差 mm）		检验记录（mm）	评定（等级）
			合格	优良		
主控项目	1	绕组绝缘电阻和吸收比	符合(SL 317)、(GB 50150—2016)要求			
	2	绕组直流电阻	相间误差＜2%,线间误差＜1%			
	3	定子绕组直流耐压试验和泄漏电流	各相泄漏电流的差值不大于最小值的100%,泄漏量 20μA 以下无明显差别			
	4	绕组交流耐压试验	试验电压 15 kV			
	5	定子绕组极性及连接	极性正确、连接牢固			
	6	接地	接地可靠,符合设计要求			
	7	滚动轴承安装	符合设计和规范要求			
	8	联轴器两轴心径向位移	符合 GB 50231 要求			
	9	摆度 各轴颈处	0.03			
		主轴联轴器侧面	0.10	0.05		
	10	水泵叶轮耐压试验	符合设计要求			
	11	叶片间隙	±20%平均间隙	±18%平均间隙		
	12	灯泡体组合面严密性试验	符合设计要求,无泄漏			
一般项目	1	电气绝缘与外观	符合设计和规范要求			
	2	电缆接线及相序	固定牢固、连接紧密、相序正确			
	3	测温装置	指示正常,绝缘电阻≥0.5 MΩ			
	4	测速装置	接线正确、工作正常			
	5	振动、摆度、油位测量装置	接线正确、工作正常			
一般项目	6	加热器	接线正确、绝缘良好、工作正常			
	7	泵体部件组合面	无渗漏			
	8	水泵检修进人孔密封	无渗漏			
	9	齿轮箱	水平或倾角、油位符合设计和规范要求,无渗油			
	10	伸缩节	可伸缩量符合设计要求,无渗漏			
	11	联轴器端面间隙	符合 GB 50231 要求			
	12	叶轮与主轴联结面合缝间隙	符合设计要求			
	13	叶片调节机构	符合设计要求			
	14	空气围带密闭性	符合设计要求			
检测结果		检测项目_____;主控检测项目优良率为_____%,一般检测项目优良率为_____%;检测项目优良率为_____%,主控项目为_____等级。				
自评意见及质量等级：						
检测员		专职质检员		班组长		

附录 H 立式机组剖面图(以洪泽站为例)

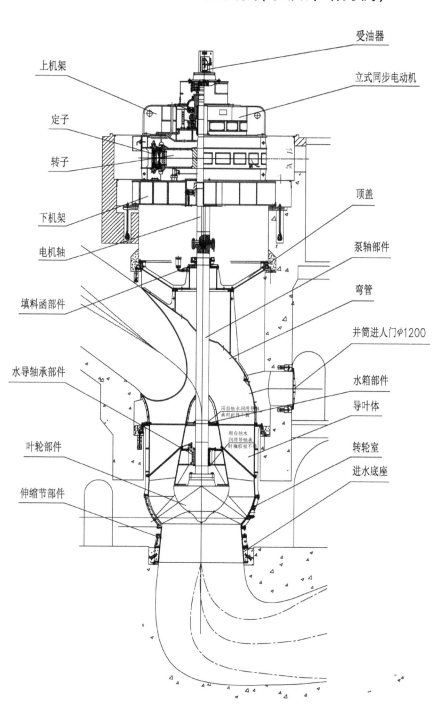

受油器

上机架

立式同步电动机

定子

转子

顶盖

下机架

泵轴部件

电机轴

弯管

填料函部件

井筒进人门φ1200

水导轴承部件

水箱部件

导叶体

叶轮部件

转轮室

进水底座

伸缩节部件

附录 I　立式机组大修工序图（以洪泽站为例）

机组安装

- 工序33：机组网心测量、调整
- 工序34：活塞回装
- 工序35：下操作油管吊装
- 工序36：电机转子吊装
- 工序37：安装推力瓦座测量、冲油器回装
- 工序38：推力头回装
- 工序39：转子吊装、中心、高度调整
- 工序40：转子与下架瓦隙、调整测度
- 工序41：机组水平、场中心调整测量
- 工序42：转子中心测量、调整首件
- 工序43：下导轴调整、上导瓦测量校
- 工序44：下架轴瓦、瓦托、导水锥测安装
- 工序45：水导瓦、水箱座安装
- 工序46：叶片外壳焊缝、测量首件焊接
- 工序47：上导摆度测量、抽转子大轴
- 工序48：叶片力矩特性校验记录
- 工序49：调节器、操作上架测回装
- 工序50：推力轴承安装、受油器中心调整
- 工序51：受油器回装
- 工序52：钟罩吊装、进水流道复水、压紧密封
- 工序53：进人孔封闭、出口蝶阀充水
- 工序54：填料添加、安全罩回装
- 工序55：进水流道复水、检查拦污栅、吊出
- 工序56：电机防潮加热器接线检查

机组维修

- 工序23：定子、转子清洗出事
- 工序24：上、下端轴冲查测量、试验
- 工序25：拆装、清理活塞
- 工序26：压力、上端缸测量、渗漏试验
- 工序28：压力、出水流管道标准清扫回装
- 工序29：其余各种件清洗出事
- 工序30：大轴、操作油管清扫检查

扩大性大修 导叶体水平调整

- 工序20：导叶电机定子、下机座
- 工序21：吊出顶盖及吊管
- 工序22：吊出、清扫导叶体
- 工序31：导叶体、吊管
- 工序32：顶盖、下机座、定子吊装

机组解体

- 排水 → 水泵解体
- 工序1：打开进人孔
- 工序5：拆除滚轮油
- 工序6：拆除水导轴承
- 工序14：拆卸伸缩节
- 工序15：拆卸叶片调节、发电架外壳起
- 工序16：拆卸联轴螺栓
- 工序17：叶片泵轴液压、内外密封拆除
- 工序18：吊出上操作油管、转子
- 工序19：吊出下操作油管、大轴

- 机组解体
- 工序2：拆卸集电器
- 工序3：拆卸集电环
- 工序4：空气间隙、磁场中心测量
- 工序7：排油并拆上、下导瓦间隙
- 工序8：测量清度、中心、水平数据
- 工序9、10：拆卸下端轴、上导瓦架
- 工序11—13：拆卸上端件并出上机座、吊出发电机、冷却器

附录 J 卧式机组剖面图（以蔺家坝站为例）

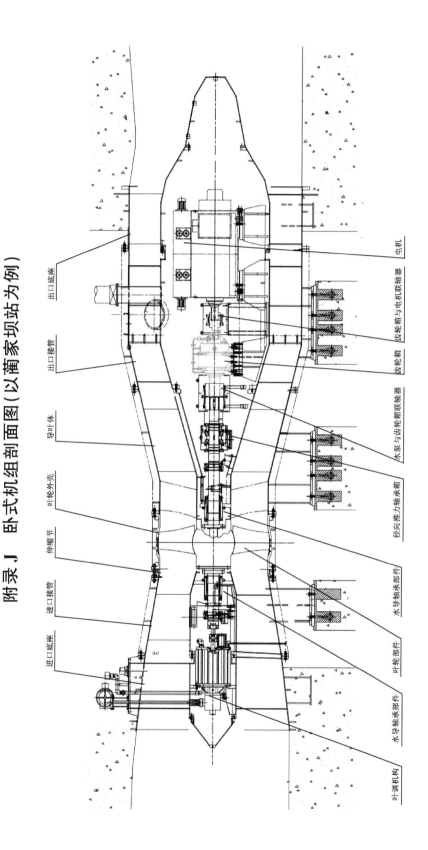

进口底座　进口接管　伸缩节　叶轮外壳　导叶体　出口接管　出口底座

叶调机构　水导轴承部件　叶轮部件　水导轴承部件　径向推力轴承箱　水导轴承部件　水泵与齿轮箱联轴器　齿轮箱　齿轮箱与电机联轴器　电机

附录 K 卧式机组大修工序图(以蔺家坝站为例)

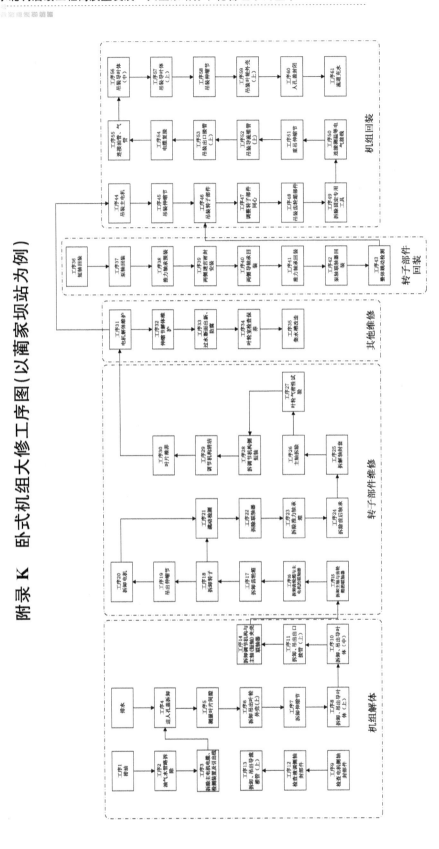